一、野生余甘子和栽培果园

云南省保山市龙川江河谷的野生余甘子
（株高22～23米，胸径0.5米，黄佳聪 供）

云南省保山市悬崖峭壁石缝中的
野生余甘子（黄佳聪 供）

广东省汕尾市华侨管理区山地上的余甘子园

二、培育余甘子种苗

培育实生分床苗（分床苗半揭遮阳网炼苗）

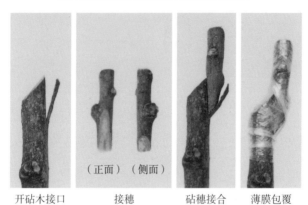

| 开砧木接口 | 接穗 | 砧穗接合 | 薄膜包覆 |

（正面）（侧面）

实生苗的嫁接方法——背接法

营养袋嫁接苗

三、余甘子开花结实

余甘子花

花谢后的余甘子幼果（彭成绩 供）

四、余甘子鲜食为主的品种——（普宁）崩坎

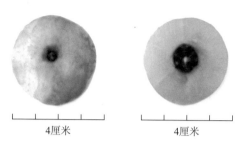

果重22.9克　核重1.1克　纵径2.7厘米　横径3.8厘米

果实

母树结果状

五、余甘子鲜食为主的品种——（普宁）红光

果实

结果状

六、余甘子鲜食为主的品种——（汕尾）白玉

果实

幼树结果状

七、余甘子加工兼鲜食品种——（云南）盈玉

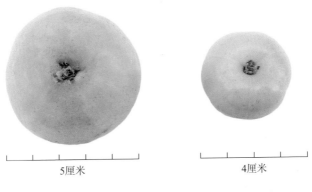

5厘米　　　　　　　　　　　4厘米

果重65克　　　　　　　　　　果重16.8克
纵径4.33厘米　横径5.07厘米　　　纵径2.68厘米　横径3.25厘米

（云南）盈玉（左）与（广东）崩坎（右）果实

结果状

八、云南、广西、福建省区选育的余甘子品种

云南省保山市高黎贡山余甘子结果状
（黄佳聪 供）

广西壮族自治区平南县大玉余甘子结果状

福建省惠安县蓝丰余甘子结果状

九、为害余甘子的病虫

余甘子正常果实（左）与感染锈斑病的病果（右）

余甘子炭疽病（蒋华 供）

咖啡豹蠹蛾幼虫为害余甘子枝干

堆蜡粉蚧为害余甘子

十、余甘子的鲜果和加工品

余甘子鲜果商品

余甘子加工品

新时代乡村振兴丛书

丘瑞强◎主编

余甘子

优质丰产栽培

SPM
南方传媒

广东科技出版社
全国优秀出版社

· 广 州 ·

图书在版编目（CIP）数据

余甘子优质丰产栽培 / 丘瑞强主编. —广州：广东科技出版社，2024.3

（新时代乡村振兴丛书）

ISBN 978-7-5359-8189-9

Ⅰ. ①余… Ⅱ. ①丘… Ⅲ. ①余甘子—栽培技术 Ⅳ. ①S667.9

中国国家版本馆CIP数据核字（2023）第228808号

余甘子优质丰产栽培

Yuganzi Youzhi Fengchan Zaipei

出　版　人：严奉强
责任编辑：于　焦
封面设计：柳国雄
责任校对：李云柯　廖婷婷
责任印制：彭海波
出版发行：广东科技出版社
　　　　　（广州市环市东路水荫路11号　邮政编码：510075）
销售热线：020-37607413
https://www.gdstp.com.cn
E-mail：gdkjbw@nfcb.com.cn
经　　销：广东新华发行集团股份有限公司
排　　版：创溢文化
印　　刷：广州市东盛彩印有限公司
　　　　　（广州市增城区新塘镇太平洋工业区十路2号　邮政编码：510700）
规　　格：889 mm×1 194 mm　1/32　印张3　插页8　字数60千
版　　次：2024年3月第1版
　　　　　2024年3月第1次印刷
定　　价：25.00元

《余甘子优质丰产栽培》
编委会

主编简介
Zhubianjianjie

丘瑞强，广东省梅州市丰顺县塔下村人，高级农艺师，中国园艺学会会员，揭西县优秀专业技术人才，享受政府特殊津贴。1960年毕业于华南农学院（现华南农业大学）园艺系，曾在揭阳县（今属揭阳市）和揭西县从事新农技推广、果树生产科研和教学工作。创建瑞强良种果树试验繁育场，为华南地区提供良种果苗。发表《粤东潮汕优稀橄榄品种资源介绍》《揭西县龙山无核黄皮的成因与生产应用探讨》等16篇论文。个人编著《柑橘栽培技术》《果树栽培实用技术》等5本图书；与其他作者合作编著《华南特种果树栽培技术》《橄榄栽培技术》等5本图书。获广东省农业科学院科技进步奖二等奖、揭阳市科技进步奖二等奖、潮汕星河国瑞科技奖等。南方日报、汕头日报、揭阳日报等多次报道其工作业绩。入选《中国农技推广名人录》（中国农业出版社，1994）和《中国专家大辞典》（中国人事出版社，1999）。

1995年退休后，仍坚持科研与编著工作，76岁时主编出版我国首册乌榄科学栽培著作《乌榄优质丰产栽培》；89岁时主编本书。

余甘子（*Phyllanthus emblica* L.）又名余甘、喉甘子、油甘、滇橄榄（云南）、圆橄榄（四川）、庵摩勒（梵语的音译）等。余甘子是1998年被中华人民共和国卫生部（现中华人民共和国国家卫生健康委员会）列入"药食同源"目录的热带亚热带特色水果，也是被世界卫生组织指定为在世界范围推广的三种保健植物之一。明朝李时珍在《本草纲目》中记载余甘子有"久服轻身，延年长生"之功效。

目前，我国的余甘子生产开始受到重视，进入快速发展阶段。为推动我国余甘子生产发展，我们编写了《余甘子优质丰产栽培》一书，希望果农看得懂、用得上，并且通过本书能提高栽培经济效益，促进余甘子产业健康发展。

本书内容包括余甘子概述，生物学特性，品种资源，苗木繁殖，果园建设，果园管理，采收、贮存与加工等。在编写过程中，我们参阅了有关余甘子的科研论著，吸取了部分果农的生产经验，融入了自己的试验与生产实践体会。由于编者多是基层科技工作者，能力有限，错漏之处在所难免，敬请读者指正。

本书的出版，得到广东省科技创新战略专项（220727174612116）的部分资助，在此表示衷心感谢！

编 者
2023年12月

目 录

第一章 余甘子概述

余甘子（*Phyllanthus emblica* L.）品种、株系极多，其果实初食口感甜、酸、苦、涩各异，但食后总是回甘，故而得名余甘子，又名余甘、喉甘子、油甘、滇橄榄（云南）、圆橄榄（四川）、庵摩勒（梵语的音译）等。

余甘子是1998年被中华人民共和国卫生部（现中华人民共和国国家卫生健康委员会）列入"药食同源"目录的热带亚热带特色水果。其具有悠久的药用历史，明朝李时珍在《本草纲目》中记载："余甘子主治风虚热气、丹石伤肺，久服轻身，延年长生。"20世纪90年代，余甘子被世界卫生组织指定为在世界范围推广的三种保健植物之一。其果实药用价值高，根、枝和叶亦可入药；富含人体生命活动所需的营养物质，鲜食、加工俱佳，是极具发展潜力的药食两用的新兴水果。

余甘子生长快、结果早、丰产稳产；耐贫瘠、耐旱、适应性强；易萌发根蘖，不易被山火烧死，也不易被砍除，是绿化山丘的优良树种；亦可作为茶园遮阴树。余甘子树皮所含22%单宁，可作为提取栲胶的原料。余甘子树姿态美观，木质坚硬，可加工为器具，也可作为风景树，用途广泛、经济价值高。积极发展余甘子产业，可带来良好的经济效益、生态效益和社会效益。

一、营养成分与栽培效益

（一）果实营养成分

据研究分析，余甘子果实含水分79.8%～85.3%、碳水化合物6.6%、灰分0.62%、蛋白质0.69%、脂肪0.19%，含谷氨酸、脯氨酸、赖氨酸及天冬酸等17种氨基酸，含锌、锗、硒、铬、铁、铜、锰等16种人体必需的微量元素，钾、钠、钙、磷等矿物质，并且含有丰富的维生素C、维生素P、维生素E、超氧化物歧化酶（SOD）、没食子酸、单宁等酚类，以及黄酮类等具医疗保健功效的物质，是天然药食两用的极佳保健水果（表1至表3）。

表1 红光余甘子果实营养物质含量

营养物质	总糖/%	磷/（毫克·千克⁻¹）	铁/（毫克·千克⁻¹）	钙/（毫克·千克⁻¹）	硒/（毫克·千克⁻¹）	维生素C/（毫克·100克⁻¹）
实测值	5.34	120	2.43	53.2	1.19×10^{-3}	365

表2 盈玉余甘子果实中具医疗保健功效的成分含量

营养成份	蛋白质/（毫克·克⁻¹）	SOD/（U·克⁻¹）	维生素C/（毫克·100克⁻¹）	总酸/（毫克·千克⁻¹）	总糖/（毫克·克⁻¹）	总酚/（毫克·克⁻¹）	没食子酸/（毫克·克⁻¹）	单宁/（毫克·克⁻¹）
实测值	258.3	263.72	459.6	19.83	44.6	22.62	3.018	1.85

注：蛋白质、SOD、总糖、单宁为每克鲜重含量；总酚为每克干重含量。

表3 几种水果果肉维生素C的含量

水果名称	余甘子			刺梨	山楂	猕猴桃
	福建省粉甘	广东省白玉	云南省盈玉			
维生素C/（毫克·100克⁻¹）	368	282	459.6	2 850	80	62

（二）栽培效益

1. 经济效益

1）经济价值高、栽培效益好

余甘子成花性能非常好，一年能多次开花结果。以春季开花结果为主，其次为秋季开花结果。以广东省普宁市云落镇栽培的优质鲜食的红光余甘子为例：2011年春季定植，株行距为2.2米×3.3米，每亩种70株（亩为非法定计量单位，1亩≈666.67平方米）。经过一年的科学管理，翌年有部分植株少量结果；第三年开始投产，平均株产7.5千克，折合亩产525千克；第四年平均株产11.8千克，折合亩产826千克；第五年平均株产17.6千克，折合亩产1 232千克；第六年进入丰产初期，平均株产28.5千克，折合亩产1 995千克。

目前，粤东地区余甘子市场收购价为优质鲜食品种约20元/千克；鲜食加工兼用品种约8元/千克。六年生、亩产2 000千克的红光余甘子按此价目标准折算：优质鲜食品种的年亩产值为4万元左右；鲜食加工兼用品种的年亩产值为1.6万元左右，经济收益不菲。随后，余甘子将逐年进入高产稳产期，株产可达50～100千克，经济效益将更加丰厚。

2）管理投资较少，收益年期长

余甘子的根系非常发达，能深而广地吸收植地土壤的肥水且耐旱、耐瘠。目前，尚未发现余甘子有灾害性病虫事件发生。山间实生余甘子改接加工良种的植株，野生适应性强，连年没有施肥、喷药亦能正常开花结果。

而优质鲜食品种的果实作为商品应市，则要求果皮光滑亮丽、少病虫为害斑点。因此，必须合理施肥、适时喷药防治病虫，以确保商品果实美观，从而畅销。管理成本较一般果树低。

近三十年，我国从野生余甘子中选育了蓝丰、大玉、玻璃、盈玉和苗栗2号等优稀余甘子良种。经研究发现其母树树龄80～200年，年株产50～300千克，证明余甘子是长寿、高产树种。

目前，我国的余甘子产业处于生产发展阶段，不少良种余甘子园得以新建，只要坚持科学管理，果园丰产将持续数十年。

2. 鲜食、加工效益

余甘子鲜食品种肉质酥脆、苦涩味轻、回味甘甜、营养物质丰

富，有较好的医疗保健功效，每日可吃3～5粒，并且鲜果供应期长达9个月。而余甘子加工品种和鲜食加工兼用品种都可加工成余甘子果酒、果醋、蜜饯、果脯、果粉、果酱、果糕、盐卤余甘子、甘草甜余甘子、果茶等，能长期满足人们生活所需。同时，也可促进食品加工业的发展。

3. 医疗保健功能

《中药大辞典》《滇南本草》《本草纲目》及其他藏药、傣药、维药、蒙药等民族药相关的古今中草药专著记载：余甘子果实有消食开胃、生津止渴、化痰止咳、治咽痛燥热、解毒、止血、止泻、健胃、强心、防治坏血病等功效。近代科学研究发现，余甘子有调节血糖、血脂、血压，以及护肝、防癌、抗衰老、抗疲劳、抗放射损伤等功效。现将余甘子主要医疗保健功能简介如下。

1）对预防癌症有积极效果

N-亚硝基化合物是一种强致癌物质，其通过一些含有胺的亚硝酸盐及硝酸盐的食物进入人体并在胃中合成，可诱发恶性肿瘤。而余甘子果实含有酚类（维生素C、维生素E）、微量元素硒等物质，可有效阻断N-亚硝基化合物合成，其阻断率为90.17%。许多研究者认为，余甘子是目前阻断致癌物质亚硝基化较好的天然食物之一。因此，经常食用适量余甘子果实或其加工品，有助于减少致癌物质N-亚硝基化合物的合成、降低癌症发病率。

2）抗衰老

人在衰老过程中，体内新陈代谢所产生的自由基（O^{2-}）及脂质过氧化物（LPO）随年龄增长而增加，而自由基和脂质过氧化物会引起细胞和遗传结构分子的损伤，使人衰老。人体内能抗衰老的超氧化物歧化酶的活力则随着人年龄的增长而逐渐下降，进一步导致人体逐渐衰老。采用外源增加超氧化物歧化酶等抗衰老物质，消除或减少自由基及脂质过氧化物对人体的危害，可达到延年益寿的目的。

据研究，余甘子果汁含有丰富的超氧化物歧化酶，它可对人体新陈代谢所产生的自由基进行歧化反应，从而减轻自由基对人体的损害；同时也可减少血浆中脂质过氧化物的含量，从而使延缓人体衰老过程的效果更加显著。

余甘子果实还含有有机酸、单宁、维生素E和微量元素锌、铜、硒等物质，这些物质均可直接或间接清除、拮抗自由基，进而起到抗衰老的作用。

3）防治坏血病

维生素C，又名抗坏血酸，是人体生命活动不可缺少的维生素，人缺乏它就可能患坏血病，它还可协助人体抗衰老和防癌等。

余甘子果实富含维生素C，含量因品种、植地环境和采收时间而异，100克果肉含维生素C 170~1 532毫克，含量仅次于刺梨，有"维生素C皇后"之称。

研究报道，成年人一天需维生素C 60毫克，每人每天吃3粒余甘子果实或相当量的余甘子果实加工品，便可补充人体所需维生素C。

4）防治人类其他多种疾病

据研究，余甘子果实及其加工产品具有35种药用功能：余甘子对乙型肝炎防治有效率达89.9%；余甘子果汁与苦瓜汁混合液可刺激胰岛素分泌，对降低糖尿病患者的血糖浓度有显著疗效；余甘冲剂有清血热、降低血压的功效；余甘子果实有降血脂、减肥的作用；余甘子能促生人体白细胞干扰素，增强机体免疫功能，提高人体抗病能力；余甘子粉合剂可治小儿腹泻，治愈率达92%；余甘子果实有止咳化痰的功效，可治咳嗽、哮喘、支气管炎等；余甘子果实还有强心作用，可治疗心脑血管疾病；余甘子颗粒冲剂可辅助治疗风湿病；等等。

5）护肤、护发

脂质过氧化物的增多是导致皮肤细胞衰老的主要原因。余甘子中稳定的类超氧化物歧化酶活性的小分子物质经低温萃取浓缩得到浅色提取物，再配制成各类护肤用品，可充分利用类超氧化物歧化酶易被皮肤吸收的特性，发挥其滋润、保护皮肤的美容作用。余甘子干果捣碎后用热水冲泡过夜，用其浸出液洗发，可起到养发、护发等作用。

二、分布与栽培概况

（一）世界余甘子分布与栽培概况

余甘子原产于东经70°～122°、北纬1°～29°的热带亚热带区域；垂直分布于海拔2 300米以下的陆地。上述区域包含印度、斯里兰卡、菲律宾、印度尼西亚、马来西亚、缅甸、泰国、老挝、越南和中国等十余个国家。世界卫生组织把药食兼用的余甘子列为待发展的果树，美国、澳大利亚、古巴、南非、肯尼亚等国已先后引种栽培，如今，余甘子在亚洲、大洋洲、非洲、拉丁美洲等均有分布与栽培。

（二）我国余甘子分布与栽培概况

我国余甘子分布于华南和西南地区，包括福建、广东、广西、贵州、云南、四川、海南、台湾和西藏9个省区，总面积约13.33万公顷，资源丰富。

宋朝诗人黄庭坚曾有咏余甘子之词："庵摩勒，西土果。霜后明珠颗颗。凭玉兔，捣香尘。称为席上珍……"

据研究分析，余甘子原产于印度，名为Amla，音译为庵摩勒，又名印度醋栗。在唐朝前，余甘子随商人和佛教徒从印度传入中国。

一千多年前，我们的先祖已经开始认识和利用余甘子，并逐步从向自然索取转为人工栽培、利用。现在，野生余甘子广泛分布，继续为人们选育新品种提供材料；而栽培余甘子则在发展中。以下为各省区余甘子分布与栽培简况。

1. 福建省

福建省余甘子种植历史悠久，迄今已有四五百年。该省野生余甘子资源非常丰富。经过果农和农业技术人员长期不懈努力，已先后选出算盘子、秋白等十余个余甘子良种，自北向南在沿海和近海的宁德（霞浦）、莆田、泉州（安溪、南安、晋江、惠安）、厦门（同安）、漳州（长泰、龙海、云霄）等地进行栽培。1995年福建省余甘子栽培面积（包括半野生）达1.13万公顷，年产量2万吨以上。1993年选育出蓝丰余甘子进行推广。

2. 广东省

余甘子自明正德元年（1506年）前传入广东，已有500多年的栽培史。如今，自惠州（龙门、博罗）、清远、肇庆、云浮（罗定）、阳江（阳春）、茂名（高州）至湛江（雷州）等地均可见到野生或零星栽培的余甘子。而经济栽培区则在粤东的揭阳（普宁、揭东、揭西）、汕头（潮阳）、潮州（潮安、饶平）、汕尾（华侨管理区、陆丰、陆河）和梅州（丰顺）等地。其中，陆丰、汕尾市华侨管理区一带余甘子种植历史悠久，早在清乾隆十年（1745年）《陆丰县志》中就有油柑（即余甘子）的记载。普宁的余甘子栽培已有200多年历史，1989年栽培面积曾达到4 466公顷，还先后选育出狮头、柿饼、青皮、红光等十多个余甘子良种推广到省内外。2015年栽培面积约1 000公顷，产量3 150吨。现在，正大力推广红光余甘子建设良种新果园，改造劣种果园，余甘子生产步入恢复发展期。汕尾市华侨管理区余甘子栽培面积约367公顷，2020年结果面积66.7公顷，年产量4 000多吨。2019年还选育出鲜食良种余甘子白玉进行推广。

3. 广西壮族自治区

广西壮族自治区的野生余甘子资源丰富，主要分布在钦州、玉林、南宁、贵港、梧州、百色，以及柳州、河池南部各地。现已选

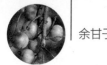

育出大玉余甘子进行推广。

4. 贵州省

贵州省的野生余甘子资源丰富。主要分布在年平均温度16~20℃、年降水量1 100~1 400毫米、海拔300~1 100米、极端低温-5℃左右的望谟、册亨、罗甸、贞丰、兴义、镇宁、关岭、水城、安龙、晴隆、普安、紫云、六枝等地的南盘江、北盘江、红水河两岸及其支流的低热河谷地区。1993年全省余甘子产量约3.18万吨,其中望谟1.2万吨,余甘子的栽培仍在发展中。

5. 云南省

云南省跨越热带气候区,其野生余甘子资源非常丰富。主要集中分布于金沙江、南盘江、元江、澜沧江和怒江五大水系地区所在的楚雄、临沧、大理、保山、曲靖、红河、文山等地。多生长在海拔800~2 000米的疏林下或山坡向阳处。以海拔1 000~1 600米的干热河谷地带最为密集,仅楚雄各县每年产量均不低于50吨。近年来,全省高度重视余甘子的开发和利用,今已选出大果型的盈玉、保山1号、高黎贡山等余甘子优良品种进行繁育、推广。据统计,2020年全省余甘子栽培面积2.13万公顷,年产量3.2万吨,居全国之首。

6. 四川省

四川省余甘子主要分布在四川南部与云南相邻的金沙江干热河谷的会理、会东、宁南、普格、金阳、雷波等地。野生余甘子资源丰富,有待积极开发和利用。

7. 海南省

海南省的野生余甘子资源非常丰富,在儋州、琼中、乐东、崖州的山野常见。昌江县1996年种有狮头、普甘一号等良种余甘子433.33公顷。

8. 台湾省

余甘子在清嘉庆年间(1796—1820年)从福建和广东传入台湾,已有200多年的栽培史。主要分布于苗栗、台中、新竹等地。

经过多年的观测、筛选，现已选出鲜食型的余甘子良种苗栗1号和保健加工型的余甘子良种苗栗2号进行推广。余甘子生产仍在发展中。

9. 西藏自治区

位于西藏北纬29°以南地区有大片受印度洋暖湿气流调节的余甘子适栽地，但至今未见有翔实报道总结该地区余甘子的分布与栽培情况。

第二章 余甘子生物学特性

一、植物学性状

余甘子属大戟科叶下珠属多年生的落叶小乔木、灌木或乔木。结果树的器官有地下部分的根系和地上部分的树冠、枝干、叶、花、果实和种子。各器官的性状如下。

（一）根系

余甘子的根系由主根、侧根和须根组成。其功能是吸收水分、肥料，固定植株，贮藏和合成营养物质、生长素。其根系非常发达，特别是主根，能穿透坚硬的土层，钻入石缝，深入土层5～9米，从中吸收水分和养分，因而耐旱、耐瘠；侧根则纵横交错分布于地层20～80厘米处，随树冠扩大而延伸；须根则分布于树冠外缘滴水线两侧的土层中。

余甘子的根蘖萌发力极强，当植株的主干遭砍除、冻害或被病虫为害致死后，其根部会迅速萌生根蘖以使植株继续生存。

（二）树冠和枝干

余甘子树的枝干有主干、主枝、次主枝和下属的多级分枝。枝条按功能可分为骨架枝、脱落性营养枝、结果母枝和脱落性结果枝。脱落性营养枝长20～25厘米，着叶10～60对；脱落性结果枝长3～12厘米，着叶3～20对。人工栽培的余甘子一般株高4～5米，少数高7～8米，而云南省保山市龙川江河谷的野生余甘子，株高22～23米，树龄百年以上。理想的树形是矮干、三主枝、多分枝的开心形矮化树。

（三）叶

叶的功能是进行光合作用，制造有机营养物质供植株生长发育和开花结果。余甘子叶的叶柄极短，互生，形状有长椭圆形、芭蕉扇形、条状矩圆形等。叶片的长度和宽度不相同，如红光余甘子，其小叶长2.9厘米，宽1.2厘米。叶绿色，深浅不一。叶片在春、夏、秋季抽生，冬季脱落。

从傍晚开始，叶片以脱落性枝为中轴自动收合成条状，以减少水分的蒸腾和降低呼吸耗能；翌日早晨，叶片随日出而自动展开，接受阳光照射进行光合作用。若遇烈日高温或严寒低温，叶片又会自动收合而减少水分的蒸腾。

（四）花

余甘子的花有雄花和雌花之分，同株异花，属聚伞花序。花很小，花蕾0.1厘米，花朵0.3厘米，萼片淡绿灰色。雄花2～8朵簇生于脱落性结果枝的叶腋。雌花一朵或几朵与多朵雄花簇生在一起。雄花萼片6枚，蕾期雄蕊6枚，瓣状合并成扁球形，粉黄色，花开时，雄蕊连同花丝一起散开。雌花萼片6枚，子房上位、杯状，柱头三裂、棕褐色。结果树雄花极多，雌花少。据调查，雌雄花比例为1：（3～27）或1：（19～70）等。由于结果树的花量极大，坐果率不错，在正常的生态环境中，可达到丰产。

（五）果实和种子

余甘子果实由果皮、果肉、果核和种子组成。不同品种、不同株系的果皮色泽、果实大小和形态差异甚大。果皮光滑，有淡黄色、玉白色、浅绿色和红色。果实形状多样：栽培品种多偏圆形或近圆形；野生余甘子的果形除与栽培品种相似外，尚有梭形、锥形、瓜形、葫芦形、桃形等。余甘子果实大小差异亦很大：大部分野生余甘子果实小，单果重在5克以下；栽培品种中果型的单果

重5～10克，大果型的单果重10～12.4克；特大果型的单果重12.5克以上，盈玉余甘子最大单果重达65克，平均单果重38.4克。果核硬壳质，形状多样，有圆形、六棱形、扁圆形等，浅绿色或浅黄色，粒重0.8～2克，内分六室，含种子3～6粒。种子大小形态不一，褐色，千粒重20克左右。

二、枝梢生长与开花结果

（一）枝梢生长

余甘子赖于新梢不断生长以扩大树冠和开花结果。而新梢抽吐的迟早、次数、生长量则受到树龄、品种、植地土壤肥力、施肥水平和气候环境等因素影响。因此，各地余甘子的新梢抽吐也有所不同。

1. 未结果的幼树

通常每年抽吐新梢3次，多则4～5次。春梢2月开始萌动，当温度达到18℃（生长温度）时才开始萌发。夏梢和秋梢分别于夏、秋季抽吐。在新梢生长过程中，顶芽抽吐延长，增大主枝；腋芽萌生小侧枝，使树冠逐次、逐年扩大而进入结果期。

2. 结果树

一般每年抽梢2～3次，个别幼年壮树抽梢4次。春梢多抽结果枝和少量营养枝。结果母枝萌发，腋芽抽吐脱落性结果枝开花结果；顶芽延伸生长以扩大树冠，且成为下一次开花结果的结果母枝。

（二）开花结果习性

1. 初花试产期

不同品种、不同苗木的余甘子植株进入初花试产期时的习性有很大的差异：野生大余甘子树、需要改接良种的劣种余甘子大砧木，春季采用良种余甘子结果母枝作接穗嫁接，接后翌年会开花试产；春季定植的大砧苗，当年秋季采用良种余甘子结果母枝作接穗嫁接，经过科学管理，接后一年半也能开花试产；以结果母枝作接穗、在苗床嫁接的小砧木，接后2～3年才能开花试产；实生余甘子树5年生左右始开花结果。

2. 开花结果习性

余甘子的芽有叶芽和花芽之分，叶芽抽生营养枝，花芽抽生结果枝。余甘子的花芽分化快、时间短，一般历时7～10天。通常，自花芽开始分化至初花，历时25天左右。

余甘子成花结果性能好，多个品种一年能开花结果2～3次，如福建省的粉甘余甘子、广东省的玻璃余甘子、广西壮族自治区的大玉余甘子，可能在3—4月、8月、10月开花结果。若春季正造果开花受低温、阴雨等恶劣天气影响导致坐果不良，则在秋季翻花时可能会丰产，这种特性有助于余甘子达到稳产的目的。

余甘子结果母枝抽吐结果枝展叶、现蕾、开花有两种类型：红光余甘子结果枝先展叶，后现蕾、开花；而双造余甘子、保山1号余甘子则先现蕾、开花，待60%的花谢后才展叶。

结果枝先展叶，后现蕾、开花的余甘子品种，结果枝着叶2～20对。一个叶腋着生花蕾2～8粒或无；基部前4片叶的叶腋多着生雄花；中间叶片的叶腋雌花、雄花混生，末端数片叶的叶腋没有着生花蕾，有则着生雄花。

余甘子开花的迟早有差异，植地温度高（低纬度、低海拔地区）早开花；管理精细的余甘子园比管理粗放的开花早；春季回暖早的年份比回暖迟的年份开花早；雄花比雌花早5天左右开放；绝大部分雄花于下午开放。雌花缓慢开放，花开后的第二天柱头才能授粉。

余甘子树开花时间长短不一，幼小的余甘子树花期25天左右，大余甘子树花期40天左右。

余甘子属风媒花，花粉粒很轻、易传播。有资料表明，人工授

粉可将余甘子结果率提高至18%～27.4%。

余甘子雄花极多，雌花很少。调查表明，福建省的粉甘余甘子一年可多次开花结果，但各个花期的天数、雄花数与结果枝的比例、雌花数与结果枝的比例、雌雄花比例和坐果率均不同（表4）。

研究表明，粉甘余甘子结果树不同结果枝结果量差异甚大，主枝结果量约占30%，侧枝结果量约占70%。

表4　福建省惠安县粉甘余甘子一年多次开花结果性状

开花时间	花期天数/天	雄花数/结果枝	雌花数/结果枝	雌花数：雄花数	坐果率/%
4月（第一批）	30	81.7	2.8	1：29.18	49.3
8月（第二批）	23	18.1	1.1	1：16.45	10.6
10月（第三批）	15	5.3	0.3	1：17.67	3.7

3. 落花落果与果实发育

（1）落花落果。余甘子开花后，雄花全部脱落，受粉、受精不良的雌花也陆续脱落。雌花受精后结成的小果在果实发育过程中，因低温、阴雨、霜冻等不良气候，以及养分、水分供应失调，病虫为害和防治施药方法不当、管理不善等，均会造成不同程度的落果。在栽培管理上，应采取措施减少落果。

（2）果实发育。余甘子雌花受粉、受精后，开始进入为期28天左右的孕育期而发育成幼果。此后，在5—8月，果实进入膨大期、果核硬化、胚发育成种子。7月下旬至8月下旬，早熟余甘子品种开始成熟、采收；9—10月，中熟余甘子品种也先后成熟、采收；11月，迟熟余甘子品种的果实成熟、采收。部分果可留树保鲜至翌年2—3月采收。分期分批采收，可使产量提高11.02%。

4. 产量高，结果寿命长

余甘子不但结果早，而且果实产量高、结果寿命长。据考察和资料记载，广东省普宁市麒麟镇蔡口村一株50年生的实生余甘子软枝种，株高7.7米，冠幅870厘米×870厘米，干基径0.33米，常年产量55千克，最高株产435千克；广东省汕头市潮阳区金灶镇外美村的玻璃余甘子树，树龄百年，株高6.5米，冠幅635厘米×655厘米，干周0.88米，常年产量90千克，最高株产175千克；广西壮族自治区平南县丹竹镇廊廖村的实生余甘子树平丹一号（大玉）是已有200多年树龄的老树，还年年挂果，一般株产鲜果300多千克。

三、对环境条件的要求

余甘子属阳性果树，性喜阳光温暖，耐旱耐瘠，忌霜冻。而温度、土壤、阳光、水和空气等自然环境条件，会直接或间接影响余甘子的生长、开花结果和果实的质量。在建园选址和栽培管理上，应注意选择。

（一）温度

温度可界定余甘子的分布与栽培地域，并直接影响余甘子的生长、开花结果和生存。

余甘子原产于印度，也在中国等热带和亚热带地区野生和栽培，是性喜高温，又能耐0℃低温和46℃高温的热带亚热带落叶果树。其可在年平均温度18～23℃的地域种植，较适合在年平均温度20℃以上的地区栽培。

2021年1月13日早晨，地处北回归线、海拔60米左右的广东省揭阳市揭西县龙潭镇果园，温度降至-1.8℃，伴随严重的冻害发生，大砧木秋季嫁接的三个余甘子品种，原长势旺盛，崩坎余甘子已结几粒果。冻害发生后，红光余甘子和崩坎余甘子全部冻死；玻璃余甘子冻死20%；30年生的双造余甘子大树处于翻花结果期，4级分枝以上的枝条大部分冻死；处于落叶越冬期的4年生红光余甘子实生树则安然无恙。可见，不同品种、位于不同物候期的余甘子，其耐寒性有明显差异。无论如何，冬季预报有严重低温寒害

时，应采取熏烟、喷防寒剂等措施保护余甘子，使其安全越冬。

余甘子分布栽培主要县市气象要素见表5。

表5　余甘子分布栽培主要县市气象要素

地域	年平均温度/℃	1月平均温度/℃	年平均极端低温/℃	绝对最低温/℃	绝对最高温度/℃	大于10℃年积温/℃	年平均霜日/天	年日照时数/小时	年降水量/毫米	年平均相对湿度/%
四川省会东县	21.45	12.25	2	0	43.5	7 224.2	15	2 179.4	752.1	68
广东省普宁市	21.3	12.9	2.33	−0.2	39.7	7 571.7	3.3	1 994.6	2 113.2	83
福建省惠安县	20.2	12.2	1.2	−0.3	37	6 570.2	11	1 198.2	1 132.4	79.5
云南省保山市	16.8	8.2	−2.3	−6	40.4	5 352.7	93	2 327.5	1 115	75

注：1. 四川省会东县大崇林场气象站约位于东经102°31′，北纬26°42′，海拔660米。表中为2018年观察记录的数据。

2. 广东省普宁市位于东经116°10′，北纬23°20′。

3. 福建省惠安县紫山镇位于东经118°38′~119°05′，北纬24°49′~25°07′。

4. 云南省保山市位于东经98°25′~100°02′，北纬24°08′~25°51′，平均海拔1 800米，最高海拔3 780.9米，最低海拔535米。

（二）土壤

余甘子植根于土壤，并从中吸取氮、磷、钾、钙、铁等营养物质和水分进行生长和开花结果。

余甘子根系非常发达，野生性和生态适应性很强，能耐旱耐瘠，在排水良好的红壤、黄壤、石砾土、沙质壤土等微酸性至微碱性土壤中栽培，均能正常开花结果。

（三）阳光

阳光是余甘子进行光合作用制造有机营养物质以供给树体生长和开花结果的能源。而光合作用的效益取决于光照强度和二氧化碳浓度。阳光充足的地区有利于余甘子进行光合作用（图1），促进其生长和开花结果。

图1 植物光合作用

（四）水

水是余甘子进行光合作用制造有机物质用于营养树体的原料之一，也是输送营养物质的载体，还具有蒸腾散热的作用。但花期如遇阴雨天气，雨水过多，会使雄花的花药无法散开而影响雌花受粉、受精，从而降低坐果率；少雨久旱，土壤缺乏水分还会影响果实发育，造成落果。雨水均匀、土壤湿润的山坡、旱地有利于余甘子生长和结果。四川省会东县年降水量仅752.1毫米，亦未限制当地野生余甘子的分布与栽培，可见余甘子是罕见的耐旱水果。

（五）空气

空气中含二氧化碳0.034%、氧气20.95%。在正常情况下，空气所含的氧气和二氧化碳能满足余甘子光合作用和呼吸作用所需。但余甘子对氟化氢、二氧化硫等有毒气体很敏感，轻则影响余甘子生长，重则造成其落叶、枯枝，甚至导致整株死亡。因此，在建园选址时，要尽量远离排放有毒气体的砖瓦窑等空气污染源。

第三章　余甘子品种资源

农业生产采用良种进行栽培是取得良好经济效益的首选。余甘子在我国已有1 000多年的栽培历史，我们的先祖从采摘野生余甘子食用转为选育良种余甘子进行人工栽培以获取果实。现将余甘子传统栽培品种和近三十年选育的余甘子新品种简介如下。

一、传统栽培品种

（一）福建省

1. 秋白

秋白主要分布于福建省惠安县。植株直立高大，结果母枝和结果枝粗壮。叶片较宽，长卵圆形，叶色浓绿，叶柄短。春、秋季均开花结果，春果8月下旬至9月上旬成熟，秋果12月上旬成熟。果实近圆形，果皮黄绿色，平均单果重9.32克，可食率88.71%。果大，肉脆，纤维多，汁液多，品质较好。可鲜食，也可加工。

2. 山甘一号

山甘一号主产于福建省惠安县黄塘镇。平均单果重8.26克，果实纵径1.99厘米、横径2.63厘米。肉厚、核小，可食率91.89%，100克果肉含维生素C 234.97毫克，果实成熟于10月下旬。鲜食、加工均适宜。

3. 人面仔

人面仔主要分布于福建省莆田市。树冠直立，结果枝细长。果实扁球形或近球形，平均单果重7.4克，果皮淡绿色，半透明，肉脆，汁多，回甘快，品质优，通常在9—10月采收，适合鲜食。

4．粉甘

粉甘主要分布于福建省晋江市、莆田市、南安市、惠安县等，广东省也有种植。树形开张，枝条较软，小叶大，叶色浅，对数少。四季开花，春果10月中旬成熟，冬果翌年2月上旬成熟。果实扁圆形，果皮披蜡粉、浅黄绿色。平均单果重7.2克，可食率91.95%。其特点是果大，汁多，纤维少，品质优，产量高，适合鲜食、加工成蜜饯等。

5．赤皮

赤皮主要分布于福建省惠安县、广东省普宁市。树冠披张，枝条软，叶色浓绿，叶柄长。四季开花，春果10月上旬成熟，冬果翌年1月底成熟。果实近球形，果皮淡绿色，成熟时果皮布满赤斑。平均单果重7.1克，大者重10.5克，可食率89.93%，含可溶性固形物11.8%，果肉脆，汁多不酸，纤维少，适合鲜食、加工成蜜饯等。

6．六月白

六月白主要分布于福建省惠安县。树高大，树形开张，小叶长椭圆形，叶片薄，叶色绿，叶柄长。春季开花一次，果实7月成熟。果实长圆形，果皮光滑，淡黄绿色。平均单果重6.85克，可食率83.7%。此果早熟，果肉脆，但果核大，纤维多，涩味浓。

7．扁甘

扁甘分布于福建省莆田市、惠安县。树体高大，枝短而硬，叶较狭长，矩圆形。果实扁球形，平均单果重6.74克，可食率89.7%。本品种较丰产，果肉厚、脆，鲜食口感较粉甘好。

8．枣甘

枣甘主要分布于福建省惠安县。树形较直立，结果枝较长，叶片厚，叶色浓绿，小叶宽大，叶柄较长。春、秋季都会开花结果，春果9月上旬成熟，秋果11月下旬成熟。果实近圆形，果皮黄绿色，果柄长。平均单果重6.2克，可食率86.3%。肉质脆、不酸，回甘快，质优，宜鲜食。

9. 白本

白本产于福建省莆田市下郑村。平均单果重5.35克，果实纵径1.86厘米、横径2.18厘米，可食率82.99%，100克果肉含维生素C 274.72毫克。9月中旬果实成熟。

10. 玻璃

玻璃产于福建省惠安县。树冠半球形。果实扁球形，淡绿色，半透明，具光泽。平均单果重5.26克，可食率82%。肉质脆，汁多，品质优，较高产稳产，鲜食、加工均可。

11. 至号（二号）

至号主产于福建省莆田市龙桥街道。树形矮、枝脆、节间短、枝叶密生。高产、稳产，但果实品质较差。平均单果重4.84克，果实纵径1.76厘米、横径2.1厘米，可食率84.3%，100克果肉含维生素C 259.95毫克。果实在8月上、中旬成熟，可留树保鲜至翌年2月采收，鲜食、加工均可。

12. 算盘子

算盘子主产于福建省莆田市龙桥街道。树形较矮化、开张，树冠扁圆形，枝条带绿色，丰产性能好。果实成熟于8月上旬。果皮浅绿色，个子较小、大小均匀，果实扁圆形，因似算盘子而得名。平均单果重4.75克，果实纵径1.7厘米、横径2.12厘米，可食率82.74%，100克果肉含维生素C 220.6毫克。肉质中等，鲜食、加工均可。

13. 长穗

长穗产于福建省莆田市下郑村。平均单果重4.63克，果实纵径1.76厘米、横径2.06厘米，可食率80.99%，100克果肉含维生素C 264.81毫克。果实成熟于9月中旬。

14. 柳穗

柳穗产于福建省莆田市下郑村。平均单果重2.8克，果实纵径1.51厘米、横径1.73厘米，可食率77.86%，100克果肉含维生素C 169.4毫克。9月中旬果实成熟。

（二）广东省

1. 崩坎（饼甘、凤珠）

崩坎原产于广东省普宁市云落镇崩坎村，以产地为名。已在粤东的揭阳、汕头、汕尾等地栽培多年，是粤东余甘子传统栽培品种中的佼佼者。植株生势强，结果性能非常好，一年能多次开花结果。正造果2—3月开花，果实9月下旬成熟，果形扁圆或呈多棱状，皮色淡黄，平均单果重12.5克，大果单果重18克，肉厚核小，可食率91.6%～95.3%，含可溶性固形物9%。肉质酥脆，甜酸适口，主供鲜食。二造果8—9月开花结果，翌年2—3月采收，果实质量逊于正造果。

2023年11月调查普宁市崩坎余甘子母树：树龄21年（2003年嫁接），株高6米，冠幅780厘米×800厘米，地干围80厘米，年株产量200～250千克，平均单果重18.5克，大果单果重22.9克，果核重1.1克，可食率95%，含可溶性固形物10%。果实9月下旬成熟。

2. 普甘一号

1986年，普甘一号在广东省普宁市普查余甘子资源时被发现。该品种果形大，平均单果重13克，大的可达18.7克，果形扁圆，皮色青白，肉厚，核小，肉质较硬，适合加工。果实含可溶性固形物14%，可食率92.4%。丰产性能好，是优良的加工、鲜食品种。

3. 柿饼

柿饼主产于广东省普宁市。树势强健，丰产。果形似柿饼，扁圆形、淡黄色，9月上旬开始成熟，平均单果重11.5克，可食率91%，含可溶性固形物12%，肉厚核小，肉质酥脆，酸甜可口，回甘味浓，宜鲜食，不耐贮运。

4. 甜种

甜种主产于广东省普宁市。树势强壮，枝条较下垂，果实扁圆形，果皮绿白色，平均单果重11克，可食率91.5%，含可溶性固形物10%，高产，果大，肉脆、甘甜，口感较好。适合鲜食，亦可加

工。果实成熟于9月。

5. 狮头

狮头主要分布于广东省揭阳市。树高大，树冠圆头形。叶片条状矩圆形。果扁圆形，果皮赤白色，果形大，平均单果重10.57克，可食率91.2%，含可溶性固形物13%。汁多，酸甜可口，纤维少，高产优质，可供鲜食和加工。

6. 青皮

青皮主要分布在广东省普宁市。有软枝、硬枝之分，生长壮健，抗逆性强。果形似柿子，果皮浅青色，硬枝系平均单果重9.2克，软枝系平均单果重7.5克，可食率86%，含可溶性固形物11.5%～12.3%。肉质酥脆，甜酸适口，回甘味浓，适合鲜食。

7. 赤皮

赤皮主要分布于广东省普宁市。树冠披张，枝条软，叶色浓绿，叶柄长。四季开花，春果10月上旬成熟，冬果翌年1月底成熟。果实近球形，果皮淡绿色，成熟时果皮布满赤斑。平均单果重7.1克，大者重10.5克，可食率89.93%，含可溶性固形物11.8%。果肉脆，汁多不酸，纤维少，适合鲜食、加工成蜜饯等。

8. 双造

双造因一年两次结果而得名，产于广东省丰顺县。植株生势强，枝梢较软垂。正造果2—3月开花结果，果熟于9月下旬，平均单果重7.2克，大果单果重10克，果实纵径2.29厘米、横径2.75厘米，可食率89%，含可溶性固形物9%。鲜食、加工均可。二造果8—9月开花，翌年3月采收，果实质量不及正造果。

9. 大尖甜甘

大尖甜甘产于广东省汕头市潮阳区。平均单果重6.15克，可食率96.48%，含可溶性固形物8.33%，果实成熟于9—10月，适合鲜食，亦可加工。

10. 谷饶甜甘

谷饶甜甘产于广东省汕头市潮阳区。平均单果重4.97克，可食率81.76%，含可溶性固形物7.1%。果实成熟于9—10月，鲜食、加工均可。

11. 二白

二白产于广东省潮州市、揭西县等地。

（三）其他省区

我国广西、四川、云南、贵州、海南、台湾和西藏七个省区的余甘子传统栽培品种中，海南省昌江县栽培的余甘子品种有狮头、软枝、青皮、普甘一号、普甘二号等，其他省区的余甘子传统栽培品种未见报道，有待今后调查、了解。

二、近三十年选育的余甘子新品种

为加速余甘子生产发展，适应社会的需求，国内野生余甘子分布的省、区农业科学技术人员和群众不断深入山野寻获优稀余甘子资源，朝鲜食和加工两个方向分别进行余甘子良种选育。鲜食余甘子良种要求果大核小，肉质酥脆、苦涩味轻、口感好、回味甘、营养物质丰富；加工余甘子良种则要求果实中酚类、酮类和维生素C等物质含量高。

经过近三十年的不懈努力，已先后筛选出以鲜食为主的优良余甘子新品种有广东省普宁市的红光余甘子、广东省汕尾市的白玉余甘子和台湾省苗栗县的苗栗1号余甘子。鲜食加工兼用的有福建省惠安县的蓝丰余甘子、广西壮族自治区平南县的大玉余甘子、广东省汕头市潮阳区的玻璃余甘子和云南省的高黎贡山余甘子、保山1号余甘子、保山2号余甘子。以加工为主的有云南省楚雄彝族自治州的盈玉余甘子和台湾省苗栗县的苗栗2号余甘子。上述新选余甘子良种的鉴定时间先后简介见表6，不同余甘子品种果实性状分析见表7。

表6 我国近三十年选育的余甘子新品种

品种名称	平均单果重/克	最大单果重/克	可食率/%	可溶性固形物含量/%	维生素C含量/(毫克·100克⁻¹)	总酚含量(果肉干重)/(毫克·克⁻¹)	余甘子果实用途	入刊鉴定时间	母树所在地
蓝丰	13	17.58	90.5	10	439.5	—	鲜食加工	1993年	福建省惠安县
大玉	15.1	17.5	92.8	11.5	—	—	鲜食加工	1994年	广西壮族自治区平南县
玻璃	13.8	20	95.78	8.6	375.12	—	鲜食加工	2011年	广东省汕头市潮阳区
糯余甘子	15.65	23.7	84.1	10.1	470	—	鲜食加工	2013年	云南省保山市
红光	12.61	20.7	91.6	11.96	365	—	鲜食为主	2014年	广东省普宁市
盈玉	38.43	65	91.5~92.58	10.7~12	459.6	22.62	加工为主	2016年	云南省楚雄彝族自治州
保山1号	17.43	—	89.3	13.2	412	—	鲜食加工	2017年	云南省保山市
保山2号	16.38	—	84.3	11.2	470	—	鲜食加工	2017年	云南省保山市
白玉	10.5	16.67	91	8.65	282	—	鲜食为主	2019年	广东省汕尾市
苗栗1号	7.6	8.2	89	8.03	—	50.23	鲜食为主	2020年	台湾省苗栗县
苗栗2号	4.5~6.1	—	85.29	12.09	—	117.95	加工为主	2020年	台湾省苗栗县
崩坎	12.5	18	91.6~95.29	9	—	—	鲜食为主	—	广东省普宁市

注：1. 崩坎（饼甘、凤珠）余甘子是粤东地区传统鲜食余甘子良种，质优、果大、丰产稳产，可作对照品种。

2. 糯余甘子即云南省高黎贡山余甘子。

3. 苗栗2号未计算平均单果重，表中为其单果重的范围。

表7　余甘子不同品种的果实性状分析（来源不同、分析时间不同）

品种名称	平均单果重/克	大果单果性状							分析样品产地	分析时间
		单果重/克	果实纵径/厘米	果实横径/厘米	果核重/克	果肉重/克	可食率/%	可溶性固形物含量/%		
蓝丰	15	17.5	2.65	3.26	1.3	16.3	92.57	10	福建省泉州市惠安县	2021年3月6日
大玉	10.4	16.7	2.66	3.25	1.4	15.3	91.6	10	广东省汕尾市	2023年2月13日
饼甘（崩坎）	12.5	14.4	2.44	3.2	1.2	13.8	91.67	9	广东省汕头市潮阳区	2020年9月26日
玻璃（母树）	13.75	14.9	2.75	3.15	1.1	13.2	92.6	9	广东省汕头市潮阳区	2020年9月26日
凤珠（崩坎）	14.29	17	2.54	3.34	0.8	16.2	95.29	10	广东省汕尾市	2021年1月20日
崩坎	9.86	14.6	2.52	3.15	1	13.6	93.15	10.3	广东省揭阳市普宁市	2022年10月8日
崩坎	11.5	16.8	2.68	3.25	1.1	15.6	93.4	10	广东省揭阳市普宁市	2023年2月13日
崩坎（母树）	18.5	22.9	2.7	3.8	1.1	21.8	95	10	广东省揭阳市普宁市	2023年11月20日
红光（母树）	14.2	17.7	2.65	3.37	0.8	16.9	95.48	9.5	广东省揭阳市普宁市	2020年10月11日
红光	11.56	13.9	2.45	3.1	0.8	13.1	93.18	10	广东省揭阳市揭西县	2022年9月23日

余甘子优质丰产栽培

续表

| 品种名称 | 平均单果重/克 | 大果单果性状 | | | | | | | 分析样品产地 | 分析时间 |
		单果重/克	果实纵径/厘米	果实横径/厘米	果核重/克	果肉重/克	可食率/%	可溶性固形物含量/%		
白玉	14.69	18.2	2.72	3.24	1.4	16.7	92.3	9	广东省汕尾市	2021年1月20日
盈玉	42.5	65	4.33	5.07	3.3	61.3	94.3	11	广东省汕头市潮阳区	2022年3月8日
印度大果	36.47	51.9	4.12	4.49	2.9	49	94.41	11	云南省保山市	2022年10月8日
高黎贡山	12.6	13.9	2.53	3	1.4	12.5	89.92	11	云南省保山市	2022年10月8日
保山1号	13.4	15.2	2.76	3.05	1.23	13.97	91.9	14	云南省保山市	2022年11月30日
保山2号	9.11	12.9	2.55	2.84	1	11.9	92.24	15	云南省保山市	2022年10月8日

注：1. 崩坎又名饼甘、凤珠，是粤东地区传统鲜食余甘子良种，母树在广东省普宁市云落镇崩坎村。

2. 盈玉与印度大果雷同，可能为同物异名。

1. 蓝丰

蓝丰是福建省选育的大果型余甘子良种。1985年在惠安县黄塘乡蓝田村发现30年生的实生优株母树，经过当地多代嫁接繁育表证，后代遗传性稳定，1993年通过省、市鉴定后进行推广。其树姿较直立，分枝性稍差，耐寒性较弱，幼树每年抽梢3次；结果树每年开花结果2次：正造果4月开花结果，9月果实成熟、采收；翻花果8—9月开花，翌年2月果实成熟，采果期2—3月。其花蕾略带红晕，果实偏圆形，果皮黄绿色至绿色，果实纵径2.3厘米、横径2.9厘米，平均单果重13克，最大单果重17.58克，可食率90.5%，可溶性固形物含量10%，100克鲜果肉含维生素C 439.5毫克。果肉脆，

26

汁多、品质中上，耐贮藏，鲜食、加工均可。

2. 平丹一号（大玉）

平丹一号是广西壮族自治区选育的优质丰产大果型良种余甘子，母树在平南县丹竹镇廊廖村，是200多年生的实生优株，在全国名特优水果资源普查时被发现。经过当地多代嫁接繁育表证，其后代遗传性稳定，1994年通过鉴定后进行推广。大玉余甘子成花结果性好，阳枝、阴枝和老枝都能开花结果。小寒、立春、雨水和清明前后都可能现蕾开花，若第一次开花结果不理想，则后次开花结果可能丰产以达到稳产。通常以清明前后开花结果为主。果实8月成熟，可留树保鲜至翌年2月采收。果实成熟时，果皮黄绿色；果实近似圆球形，平均纵径2.57厘米，最大纵径2.73厘米；平均横径3.16厘米，最大横径3.35厘米；平均单果重15.1克，最大单果重17.5克，可食率92.8%，可溶性固形物含量11.5%。果肉脆，汁多，口感好，回味甘，鲜食、加工均可。

3. 玻璃

玻璃是广东省汕头市选育的早熟、大果型余甘子良种。其母树是汕头市潮阳区金灶镇外美村破石山一株橄榄树下野生的早熟、大果余甘子实生树，树龄百年，株高6.5米，冠幅635厘米×655厘米，地干围85厘米。1989年被发现后，当地农业部门进行多代嫁接繁育表证，潮汕多个县市进行试种，都表明其后代遗传性稳定。2011年被广东省林木品种审定委员会审定为优良余甘子品种。本株系长势强、较耐寒、结果早；幼树一年抽吐新梢3～4次。2月上旬开始萌芽吐梢，结果树一年开花2～3次；第1次在2月下旬至3月上旬开花结果，7月中、下旬果实初熟。平均单果重13.8克，最大单果重20克，可食率95.78%，可溶性固形物含量8.6%，100克果肉含维生素C 375.12毫克。果实成熟时，果色泛绿，晶莹剔透有如玻璃翠玉，因而得名。果肉脆，爽口，化渣，黏核，口感较差，微酸涩，但回味甘，适合鲜食、加工。

第2次、第3次开花结果在6月中旬、9月上旬，可持续挂果至翌

年清明前采收，但果实质量不如第一次开花所结的果。

4. 高黎贡山（糯余甘子）

高黎贡山是云南省保山市林业技术推广总站与保山市隆阳区选育的余甘子新品种。母树是实生优株，生长在保山市隆阳区海拔1 130米的天然林中。2003年被发现后，当地业务部门技术人员采取母树的接穗，嫁接在成年野生余甘子树上，进行试种和品比试验，结果证明，该优良单株具有果实大、肉质酥脆、口感好、抗旱、耐瘠、速生、结果早、丰产稳产、耐修剪、适应性广等优良性状，2013年被云南省林木品种审定委员会审定为良种，并被命名为高黎贡山糯橄榄（糯余甘子），后改名为高黎贡山余甘子。

该品种在云南省怒江流域海拔1 300米左右的地区栽培，1月下旬至2月上旬落叶，2月中旬萌芽，花期为2月下旬至4月上旬，5月下旬至6月上旬为果实第1次膨大期，9月上旬至10月中旬为果实第2次膨大期，果实成熟期为10—11月，可留树保鲜至翌年2月采收。果实扁圆球形，果实纵径2.71厘米、横径3.16厘米，平均单果重15.65克，最大单果重23.7克。成熟果实的果棱明显，外果皮肉质淡绿色。果肉酥脆，可食率84.1%，含可溶性固形物10.1%。100克果肉含维生素C 470毫克、含硒0.000 2毫克。果实鲜食、加工均可。

5. 红光（上湖仙油甘）

红光（上湖仙油甘）是广东省农业科学院果树研究所和普宁市云落红光乃兵果林场、普宁市水果蔬菜局共同选育的大果型余甘子良种。2007年，普宁市普查余甘子资源时，在云落镇红光村上湖山乃兵余甘子园发现一株果大、质优的实生单株，树龄10年，株高3.4米，冠幅380厘米×330厘米，地干围46.8厘米。当地果农积极采穗繁育，经过多代嫁接繁育表证，其后代生物性状稳定。2014年，揭阳市科学技术局组织省、市专家初步鉴定，并进行推广。2016—2019年在揭阳市（普宁市）、汕头市、汕尾市等地进行区域品种比较试验，结果表明，其后代生物学性状和种质遗传性状稳定。2019年，经广东省农作物品种审定委员会审定，正式命名为上湖仙油甘。本株系在3月上旬前后萌芽，幼树每年抽梢3～4次，11月开始落叶，翌年1月老叶落光；结果树每年抽梢2～3次。较大的砧木嫁接后翌年能试产，第5年进入丰产期。常年3月下旬至4月中旬开花结果。8月果实初熟，9月成熟采收。部分树在9月二度开花结果，可留树保鲜至翌年3—4月采收。果实成熟时，果皮淡黄色，果实偏圆形，平均纵径2.21厘米、横径2.73厘米，平均单果重12.61克，最大单果重20.7克，可食率91.6%，含可溶性固形物11.96%，100克果肉含维生素C 365毫克。果肉半透明，浅黄色，甘甜酥脆，化渣，口感好，风味独特。以鲜食为主，亦可加工。鲜果供应期可达8个月左右。

6. 盈玉

盈玉是云南省农业科学院选出的加工型大果余甘子良种。选种工作始于2007年，先后广泛、大量收集当地优稀野生余甘子资源148份，通过多代嫁接繁殖、观测、分析比较，最终筛选出优良性状遗传稳定的盈玉余甘子。2016年通过审定，获得新品种保护、推广。

本品种植株主干不明显，主枝多、新生结果枝为紫红色，长而下垂。叶片较大，叶尖钝圆。正造果结果枝2月抽生、现蕾，3—4月开花，花萼有紫红色晕，雌雄花比例为1：（364.7～384.7），4月展叶，6月坐果，11月中旬果实开始成熟、采收。二造果在9—10月开花，果实成熟于翌年2月初，可留树保鲜至3月采收。果形偏圆，果皮黄绿色，具透明感；平均单果重38.43克，最大单果重65克，果实纵径4.33厘米、横径5.07厘米，果核重2.18克左右。可食率91.5%～92.58%，可溶性固形物含量10.7%～12%，100克果肉含维生素C 459.6毫克，1克鲜果肉含超氧化物歧化酶263.72U，1克干果肉含总酚22.62毫克、没食子酸3.018毫克。果肉多汁，化渣，微酸，无回甘。本品种适应性强，有较丰产稳产特性，药用价值高，果实主供加工。

7. 保山1号

保山1号是云南省保山市林业和草原技术推广总站等林业部门从怒江流域余甘子集中分布的保山市隆阳区、龙陵县、昌宁县、施甸县等地筛选出来的余甘子迟熟新品种。2017年通过云南省林木品种审定委员会审定并命名。该品种平均单果重17.43克，果实纵径2.69厘米、横径3.2厘米、果皮光滑、无斑点、具通透感、绿黄色、阳面红色、果肉细腻、酥脆、回甘性好，可食率89.3%，含可溶性固形物13.2%，100克果肉含维生素C 412毫克。保山1号树体高大，主干明显，耐瘠薄，抗旱能力强，耐修剪；具结果早、丰产、稳产的特性。果实鲜食、加工均可。

8. 保山2号

保山2号的母树是云南省保山市林业和草原技术推广总站在2012年开展云南省余甘子资源调查时发现的，后经保山市林业部门和中国林业科学研究院热带林业研究所试种和品比试验证明，本株系具有极端早熟、丰产稳产的特性。2017年12月，通过云南省林木品种审定委员会审定，并命名为保山2号余甘子。

本品种成花易、结果早，丰产稳产，平均单果重16.38克，果实纵径2.52厘米、横径3.19厘米，可食率84.3%，含可溶性固形物11.2%，100克果肉含维生素C 470毫克。在海拔800～1 200米的怒江流域栽培，2月中下旬萌芽，4月上旬开花，果实成熟于9月中旬，是鲜食和加工兼用的余甘子早熟品种。

9. 白玉

白玉是广东省农业科学院果树研究所和汕尾市鼎丰生态农业有限公司共同选育的余甘子良种。2008年，汕尾市华侨管理区在奎地山实生余甘子群中发现一根蘖苗芽变单株，其果白玉色、果大、质优，2013—2015年在广东省汕头市、汕尾市和揭阳市试种，经多年品比试验分析表明，其遗传性稳定。2019年，通过广东省农作物品种审定委员会审定。

本变异株系分枝能力强，幼年树每年抽梢4～6次。结果树2月开始萌发花芽，3月上旬抽出结果枝。花期主要在4月。果实发育期160～170天，成熟于10月上、中旬，丰产稳产，还可以留树保鲜至翌年2—3月采收。部分余甘子树在9月会翻花结果，采果期在翌年清明前。

本株系的成熟果实偏圆形，果棱明显，大小较均匀，果皮浅绿色，果肉黄绿色，肉质爽脆，口感好，回甘味浓。平均单果重10.5克，最大单果重16.67克，果实纵径2.67厘米、横径3.16厘米，果核重0.95克，可食率91%，可溶性固形物含量8.65%，100克果肉含维生素C 282毫克。主供鲜食，亦可加工。

10. 苗栗1号

苗栗1号是2008—2020年选育的鲜食型余甘子良种，商品名为绿晶赞。母树35年生。该株系生势较弱，枝梢较短，萌芽早，果实成熟期亦较早，12月至翌年1月为落叶休眠期。果皮青绿色，果实形美质优，肉质酥脆，酸涩味较轻，回味甘。单果重5.2～8.2克，平均单果重7.6克，最大单果重8.2克，果核重0.65克，可食率89%，含可溶性固形物8.03%，1克干果肉含总酚50.23毫克、总酮17.89毫克。抗氧化能力强，适合鲜食。

11. 苗栗2号

苗栗2号是2008—2020年选育的保健加工型余甘子良种，商品名为优甘赞。母树125年生。该株系生势强，易发侧枝、枝梢较长，年生长量大。丰产，秋季易翻花结果。果实较小，肉质口感较硬，且苦涩味重，但保健功能物质含量高。单果重4.5～6.1克，果核重0.57克，可食率85.29%，可溶性固形物含量12.09%，1克干果肉含总酚117.95毫克、总酮33.66毫克。抗氧化能力最佳，适合加工成余甘子保健食品。

第四章　余甘子苗木繁殖

余甘子成熟果实落果的果核干燥后，在烈日下会爆裂成3块，待种子弹出，会在半径8米左右范围内落地萌芽，生长成余甘子苗。先前，零星栽培余甘子多通过到山野挖取野生余甘子苗种植，其株系多，果实良莠不齐，且结果迟。随着农业技术不断改进，果农开始采用培育余甘子实生苗，然后嫁接上良种进行栽培，该模式不但结果快，果实品质亦大大提高。目前，我国的余甘子生产已进入发展阶段，需要大量优质的良种余甘子苗以满足生产发展的需求。

一、实生苗培育

（一）采种与种子处理

通常在10—11月余甘子充分成熟时，通过采摘实生余甘子果实或利用果场不列级果沤烂洗取果核，然后将果核放在烈日下暴晒来获得余甘子育苗所需种子。暴晒时，先在地上铺上塑料薄膜，均匀撒上果核、盖上网纱以防种子弹射丢失，待果核爆裂弹出种子，风干后收集晒干，存放于通气的瓶罐或放进布袋吊放在干燥通风的空间待播，也可沙藏待播。一般100千克余甘子果实可取种子2～2.5千克，千粒重20克左右。发芽率可达50%～70%。

（二）选择苗圃

余甘子喜光，喜湿润，因此苗圃要选择通风向阳的环境，以经水旱轮作、疏松肥沃、排灌方便的沙壤土为宜。播种时间在2—3月，以雨水至春分为宜。若过早播种，将因温度低未能满足种子萌芽所需气候条件，造成出芽期长、出芽率低；过迟播种，则影响砧木当年生长量。

（三）播种方法

余甘子的播种方法有两种：大田直播育苗和营养袋直播育苗。

1. 大田直播育苗

（1）整地。苗圃整地应在播种前1个月犁翻晒白，起畦时以畦面宽1米，沟面宽35厘米、深18厘米左右为宜。

（2）播种。采用撒播或条播，每亩播种量为3千克左右，播种后覆细沙土，厚1厘米左右，再盖草淋水保湿。

（3）间苗。一般情况下，余甘子播种后15天陆续发芽出土。当苗高5～10厘米时，进行间苗，间苗时结合移栽补缺，保持适当的疏密度，株行距以8厘米×15厘米左右为宜。

（4）分床移栽。可在直播2个月后，苗高10～12厘米时进行分床，分床移栽株行距以8厘米×15厘米为宜。

2. 营养袋直播育苗

营养袋直播育苗，起苗定植伤根少，带土种植成活率高，植后生长快，一年中可定植的时间较长，但育苗成本较高。

（1）备好塑料营养袋。选购规格10厘米×12厘米左右的塑料营养袋，在其中下部打直径为0.6厘米的小孔9～12个。

（2）营养土配制。以苗床上表层土加1%过磷酸钙和适量腐熟有机肥，混合拌匀后作为营养土；也可以客土为料，挖取山坡表土，运至苗圃中，加入1%过磷酸钙和适量腐熟有机肥，混合拌匀作为营养土。

（3）营养袋装土。装土时抖实至袋高的85%为宜，把营养袋立放在1米宽的畦面上，起沟宽0.4米的畦，用沟土填满各袋之间的间隙。

（4）点播种子。每袋点播余甘子种子2粒，点播后覆盖沙或沙土，厚1厘米。

苗圃营养袋直播育苗还可以采用幼苗移栽法，用苗床播种培育

的幼苗，在苗高10～15厘米时进行移栽。移栽时选择晴天傍晚或阴天进行，先淋水使苗床湿透，小心起苗。接着用小竹签在营养袋中间扎一个小洞，把苗根插入，再把四周营养土向中央压实，淋足定根水，盖上遮阳网，防止强烈的阳光晒伤，以确保成活。

（四）苗期管理

1. 及时补苗和打顶

播种后15天左右，种子开始发芽破土抽生，此时要把覆盖物揭除，注意淋水保湿。当苗高5～10厘米时要进行补苗与间苗。补苗可以选择阴天带土移栽，移补的苗木要淋足定根水。用营养袋点播育苗的，间苗时每袋只保留健壮苗1株。苗圃中余甘子苗高25厘米左右时，须全面打顶和剪除低位分枝，保持苗高20厘米左右，使其均匀生长。

2. 适时施肥、浇水

余甘子苗新叶抽生后可开始施肥，可用0.5%三元复合肥淋施，或用0.5%腐熟人粪尿淋施。每月施肥1次，肥料的浓度逐渐提高，11月撒施1次过冬肥，利于苗木生长和越冬。遇干旱要及时淋水或灌水；雨季或暴雨天要及时排水，以防止苗圃积水造成苗木烂根。

3. 防治病虫害

为害余甘子苗的害虫有蚜虫、虱类、大蟋蟀、介壳虫、卷叶蛾等，可用0.6%阿维菌素乳油2 000倍液喷雾或3%啶虫脒乳油2 000倍液喷雾防治。夏秋季高温多雨，易发生炭疽病，可用70%甲基托布津可湿性粉剂1 000倍液喷雾防治。

幼苗经过1年的培育，地径可粗达0.8厘米，翌年春季便可进行嫁接或出圃定植。

二、嫁接苗培育

苗圃中直播的实生苗或者营养袋实生苗经过一年的培育之后，可以起苗到大田定植，也可以在苗圃中培育嫁接苗，以满足生产中大面积种植的需求。

（一）嫁接方法

余甘子嫁接方法有切接法、芽接法、皮下接法、劈接法和嵌接法等。现介绍余甘子苗圃常用的切接法和劈接法。

1. 切接法

余甘子嫁接常采用切接法，又称改良切接法，适用于直径1～2厘米的中小砧木，能利用顶端优势加速接口愈合，提高嫁接成活率。嫁接宜选择在大寒至雨水节气中的晴朗天气进行。此时雨水尚少，温度逐渐回升，接穗将要萌动，有利于接口愈合和生长。下雨、刮大风时不宜嫁接。

（1）选取接穗。嫁接前，选取畅销的余甘子良种枝条作为接穗，接穗要剪取向阳枝段，剪去叶片，用湿润的清洁布片、纸巾和塑料膜包护保湿。接穗最好在当天或隔天接完，处理多个品种时应做好标记，分别包装。远地取接穗时，途中要防止受压、受晒、受热，运回后放在阴凉处保湿，争取尽快嫁接完毕。

（2）剪砧梢和开接口。在砧木高5厘米（大砧木可以高一些）的平滑处，依45°角剪去接位以上的砧梢，然后在砧木斜断面上方的背部，沿木质部和韧皮部之间的形成层垂直切下一刀，形成深2厘米左右的平滑面，作为砧木的接口。

（3）切削接穗。选取与砧木大小相适应的接穗枝条，剪取具有2～3个壮芽的枝段为接穗，长4～5厘米。在接穗基部平削一刀，深达形成层，长2厘米左右的平滑削面作为接穗与砧木的接合面，再在接合面背部以45°角斜切一刀，以利与砧木接口底部紧密贴合。

（4）接合与包扎。把削好的接穗尽快插入砧木接口，使彼此的形成层对准贴合，砧木较大时，保持一侧形成层对准贴合即可，然后把砧木接口切开的表皮从接穗外侧靠合，再用宽4厘米左右的超薄薄膜塑料袋自下而上把接穗和砧木接口包扎紧密，接穗上部的芽眼均匀覆上一层薄膜。通常情况下，经过15～20天砧穗便可愈合萌芽，萌芽会自动突破薄膜，抽生新梢。

2. 劈接法

劈接法适合于较大的实生苗（一般直径为3厘米以上）嫁接或在苗床较小的砧木嫁接。具有接合牢固、嫁接时间长等优点。

（1）砧木开劈接口。在较大的砧木枝干平滑处锯断，削平断面，再在砧木中间用木槌将劈刀慢慢往下敲成劈接口；对于1厘米以下的较小砧木开接口，则用嫁接刀从砧木中间切下，以接口深度长于接穗切面为宜。

（2）削接穗。选取具有2～3个芽眼、长4～6厘米的接穗，从基端相对两侧各削一个长2～3厘米的楔形平滑面，作为接穗接合面。

（3）接合与包扎。用楔形竹、木尖将砧木劈口撬开，把接穗插入劈接口，使接穗形成层与砧木形成层对准，如果接穗形成层不能实现两边对准，则一边对准即可，接穗接口最好露白0.5厘米，以利愈合。大砧木可以在劈口两边各插入一个接穗；细小砧木则要求接穗大小与砧木基本一致，使接穗和砧木形成层都能相接。接穗插好后，用塑料薄膜将劈口、接穗全部包覆捆紧。

（二）嫁接苗的管理

1. 及时补接，抹除砧芽

接后15～20天及时检查成活情况，补接未成活的砧木。及时抹除砧芽，使养分能集中供应接穗生长。不能补接的砧木，应保留一条位置适当的健壮砧梢让其生长，待以后嫁接。

2. 适时排灌水

注意适时排灌水，保持苗床干湿适度，避免旱涝危害。

3. 肥水管理

接穗第一次新梢老熟后，可开始施稀薄的有机水肥或0.5%三元复合肥。以后每月施肥一次，浓度可以逐渐提高。冬季停止施肥，以利苗木越冬。

4. 防治病虫害

苗期要注意防治蚜虫、木虱、介壳虫、卷叶蛾幼虫和炭疽病等病虫害。

余甘子嫁接苗经过一年的培育，翌年便可出圃定植。

（三）快速育苗

为适应余甘子良种化基地快速发展的需要，普宁县果树研究中心（现普宁市水果蔬菜发展研究中心）于1985年起开展了有关"余甘子快速育苗"的研究，实现了春季播种，当年秋季嫁接，翌年春季出圃，用1年的时间育成良种嫁接苗，定植后第三年开始开花结果，比传统育苗法提早了2年结果，加速了余甘子产业的发展。

1. 用营养袋点播育苗

2月初，每个营养袋点播2粒种子，播种后全面覆盖薄膜，有利于提高温度，促进种子萌芽生长。余甘子萌芽后要把薄膜两头适当揭开通风；接着揭膜炼苗，待苗高5厘米时，进行间苗、补苗，每袋保留1株幼苗，加强肥水管理，促使苗木快速生长。

2. 适时嫁接

余甘子小苗嫁接应争取在9月的晴天进行。嫁接时选择优质丰产的健壮余甘子母树，剪取生长充实、芽眼饱满的枝条作为接穗。嫁接方法可采用切接法、劈接法。

3. 嫁接后的管理

在粤东地区，余甘子秋季9月嫁接，当温度达33～35℃时，接后7～12天便可萌芽抽梢。接后15～20天检查补接，及时抹除砧木的不定芽，使养分集中供给新梢，加速其生长。第一次新梢老熟后开始施薄肥，加强肥水管理，防治病虫害，至翌年雨水节气前后，苗高达40厘米时，便可出圃定植。

第五章 余甘子园建设

根系深广、适应性强、生态环境良好的余甘子园，其经济寿命可达百年以上。在建设果园时，必须根据余甘子的生物学特性，结合园地的生态环境，全面规划，合理开发，为余甘子栽培速生、早结、丰产、优质、长寿打下良好的基础。

一、垦建余甘子园

（一）园址选择

余甘子是热带亚热带果树，粗生、喜光、耐旱、耐瘠。利用山丘开垦余甘子园，应以阳光充足、土层深厚的山坡地为宜。

1. 气候环境

余甘子天然分布于年平均温度18～28℃，绝对低温−2.5℃以上，年平均降水量1 000～2 400毫米，海拔650米以下的山丘坡地上。因此，建园首先应考虑温度是否适宜，特别是北缘栽培地带，应避开高海拔地区、寒流风口与冷空气易沉积的闭合山窝和低洼地。

2. 山丘坡度与坡向

山丘坡度愈大，水土愈易流失，开垦梯田花费的成本也愈高，一般宜选坡度35°以下的山坡开垦梯田。至于坡向，北坡虽然没有直射阳光，但有散射光照，仍可开垦建园。

3. 土壤

土壤为余甘子的生长结果提供水分和养分，是余甘子速生、丰产、长寿的基础条件。余甘子对土壤的适应性较强，可选择土层深厚、微酸性至微碱性的山地红壤、黄壤、石砾土和洲坝地建园。

4. 远离污染源

化工厂、砖瓦窑、陶瓷窑等会排出氟化氢、二氧化硫等有害物质，造成空气或水污染，使余甘子生长不良或枯死，因此应选择远离污染源的地方开垦建园。

（二）园区规划

根据园区大小与周围的生态环境，以果为主，林牧结合，统筹规划场部、小区、道路、梯田、排水、营林、寮舍系统，达到方便管理，保持水土，提高效益的目的。

1. 场部

场部是果园经营中心和员工生活区，也是运送生产资料和产品输出的集结点。场部选址以交通便利、有水源、生态良好的地方为宜。大果园还应考虑选设分场场部，小果园只设场部。另外，与场部配套的员工宿舍、水电设施、仓库、农具、禽畜场、粪池、水池等需一并做好安排与规划。在园地开垦的过程中，应把规划好的附属建筑建造完成。

2. 小区

小区面积以30～50亩为宜，按场地山头与坡向因地制宜划分，以方便管理与栽培。小果园不设小区。

3. 道路

设主道、支道和小道，要与排灌系统结合，方便作业与交通运输。一般主道宽5～7米，连接外界大道或公路，支道宽3～5米，小道宽1～2米。

4. 梯田

坡度35°以下的山丘可规划开垦梯田，以行距4米、株距3米为基准。坡度较大的，规划种单行余甘子，梯田面空间水平宽3米左右；坡度较小的，规划种双行余甘子，梯田面空间水平宽6米左右。各级梯田用仪器或目测的方法测定等高线，标定上下梯田的界限，以便今后开垦。

5. 排水

为防止果园顶部山洪冲毁果园和蓄水备用，园地上方应挖环山防洪蓄水沟，深度与宽度视集雨面积而定；沟中水位落差较大的，应设土埂蓄水，并依需要和规划修筑山塘与蓄水池，以供果园用水。

6. 营林

营林具有防风与蓄养水源的作用，在果园顶部与山脊利用原有树木和适当补种培育树木，因地制宜营造好水源林，增强园地的蓄水、防风效果。

7. 寮舍

果园需要优质有机肥。建设寮舍饲养猪、牛、羊、鸡、鸽等禽畜，不但能为果园提供优质有机肥，还可快速增加早期经济收入，达到以短养长、增加果园经济效益的目的。

（三）建园步骤

余甘子园的道路、供电设施、梯田及配套工程等，应按照规划，先后、主次穿插进行，高质量完成。

1. 修建梯田

梯田是余甘子园的主体工程，应按设计规划，采用机械和人工相结合的方法挖掘，修建成坡度为4°左右的反倾斜梯田。垦建园地有以下多种方式。

（1）依等高线标示，一次性完成梯田的建设。

（2）依梯田规划，按行距4米、株距3米左右挖鱼鳞坑植穴，先定植余甘子苗，然后逐年垦修植地，最终建成梯田。

（3）陡坡、乱石山，可因地制宜地开垦成小平台或鱼鳞坑种植余甘子。

2. 种苗定植

（1）挖植穴备用。定植前30～50天，在种单行余甘子的梯田外六、内四的分界线上，按株距3米左右挖宽60厘米、深40厘米的植穴，压绿改土或施入适量农家土杂肥、有机颗粒商品肥作为基肥，然后与穴底松土拌匀，再将挖穴的表土回填至穴深的一半，待种。

（2）定植时间。裸根苗以春季种植为宜，一般在春芽萌吐前的立春前后进行。春、夏、秋季均可种植营养袋苗，但夏、秋季余甘子苗枝叶繁茂，应适当修剪以减少水分蒸腾，提高种植成活率。

（3）品种选择。余甘子是多年生的长寿果树，果实鲜食、加工俱佳。余甘子优良品种较多，各地在种植时要根据鲜食或加工用途选择品种，还要将早熟、中熟、迟熟品种搭配种植，从而延长余甘子的采收期和鲜果供应期。

（4）种苗选择。余甘子定植可选用适销的良种嫁接苗，也可种植实生苗。大砧苗种后，即选良种接穗并进行嫁接，没有成活的及时进行补接，最迟在9月补接完。

（5）定植方法。定植分为起苗和定植两个步骤：①起苗。要认真操作，尽量减少伤根，挖起的苗应按大、中、小分级，分区种植，以利种植后管理。远运的苗要保护好根系，尽快种完。

②定植。定植需选择较好的天气进行。操作时，苗干要扶直，植穴稍覆土后，提干舒展根系，然后覆土至植穴表土稍低于田面，淋足定根水；落干后，植穴回填至略高于田面，再盖草遮阴、防晒；天气干旱时，隔10天左右再淋水保苗，直至植株成活。

a.定植嫁接苗。嫁接苗分为裸根嫁接苗和营养袋嫁接苗，两种苗定植时要分别处理，以提高成活率。

裸根嫁接苗定植：要小心起苗，尽量减少根系损伤，起苗后要把90%的叶片剪除，以减少叶片水分的蒸腾。根部蘸泥浆，然后用稻草和塑料编织袋包装成捆，方便运输。大苗裸根苗要截干，保持三分枝，干高1.2米左右。定植时要摆放好侧根，用细土填实根系，再淋足定根水。为避免苗木被太阳晒伤，定植后要用干草遮阴保湿。

营养袋嫁接苗定植：起苗时将营养袋和外露的根系尽量保留完好。叶片剪去1/3～1/2，伤根极少的袋苗可以保留大部分叶片，运苗时要防压防晒，并将种苗放在阴凉处。定植时剪除营养袋，护住根系土团，摆正种入植穴，用细土回填后小心压实，淋足定根水，并盖上杂草保湿，10天后注意淋水防旱，以确保成活。

b.定植实生苗。定植实生苗时种后即行嫁接，在余甘子适栽的春季好天气，选择1～2年生的较大实生苗，按常规种植方法定植。种后2～3天，便选用适销的良种余甘子接穗，用切接法嫁接；过15天左右，对未接活的砧木进行补接；仍未接活的砧木，需于9月补接完。这种定植嫁接余甘子建园的方式，成活率高、生长快、结果早，成本亦较低，值得推荐。

较小的实生苗春季种植之后待秋季再进行嫁接。

二、退化果园改种为余甘子园

退化的桃李园、菠萝园、木薯地等，其种植收益逐年下降。从长远考虑，可以改种成粗生易管、经济效益高、经济寿命长的余甘子园。

改种步骤：人工、机械铲除原有杂树，利用除草剂喷除杂草，将杂树、杂草集中烧成草木灰后再次利用。

铲除处理杂树、杂草之后，在原有梯田基础上，按行距4米、株距2.5～3.5米挖种植穴，表土回填，2个月后便可以定植，培育成新的余甘子园。

三、野生余甘子林培育为余甘子园

在山野中的野生余甘子品质良莠不齐，很少被利用，多数被当作柴薪砍伐，留下的残茎萌芽丛生，分散于山野。随着人们对余甘子价值的进一步认识，野生余甘子已受到重视，并被利用。野生余甘子林可以通过去杂整枝、开园补种、嫁接换种的步骤培育成余甘子园。

（一）去杂整枝

先砍除园中的灌木、杂草，再把野生余甘子的弱小丛生枝砍除，留下具3～5条位置合适的健壮枝条的植株育成新株。

（二）开园补种

野生余甘子林去杂整枝后，较密的地方则需进行间伐，间隙较大的地方可以定点开穴补种，按等高线开垦梯田，同时修通道路，配套排灌设施，逐年建成反倾斜余甘子园。

（三）嫁接换种

个别品质优良的野生余甘子植株可以加速培育形成新生株生长结果。大部分品质不良的野生余甘子要用良种余甘子接穗进行高接。对于一些植株高大的老树，可进行截干复壮，待其萌发新枝，然后进行嫁接利用。

第六章　余甘子园管理

为使新建余甘子园的余甘子树实现快生长、早结果、丰产稳产、经济效益高且长寿的目标，在栽培管理上，必须切实做好果园的土、肥、水管理工作，培养矮化丰产树冠，做好病虫害防治等工作。

一、树 体 管 理

矮冠多侧枝的余甘子树丰产性能好，有利于管理、采收。在生产中，部分余甘子品种的树势较强，必须采取低位定干、合理修剪的处理方式，把余甘子树培养成矮干、开心形的矮化丰产树冠。

（一）幼年余甘子树冠调控

幼年余甘子树冠调控的关键是培养好骨干枝。幼年未结果的余甘子树营养枝生长旺盛，全年抽梢3～4次，顶生优势非常强，若任其自然延伸，梢长可达1米左右。因此，必须采用低位定干、抹芽、摘心、短截等技术措施促发分枝，培养骨干分枝长度至30～40厘米，如果一次梢长度不够，可让其延伸到适当长度再促分枝。调控侧枝长度度达20～30厘米。培养1级分枝2～4条、2级分枝5～6条，3级分枝10条左右，然后合理选留各级分枝，为培养矮化树冠奠定基础。

（二）结果余甘子树的树冠管理

结果余甘子树随着果实生长和枝梢生长，树冠逐年扩大，产量逐年上升，进入成年期的果园已开始封行。所以，结果余甘子树的树冠管理主要是合理修剪，修剪方法以疏剪为主，短截为辅，以便满足余甘子的喜光性，使果园通风透光，防止荫蔽，以利于提高果质，增加产量，从而延长余甘子园的盛产期。具体做法简述如下。

1. **采果后和冬季树冠管理**

（1）早熟品种一般在9月已经采收完，可在采果后结合清园，剪除伤折枝、枯枝、病虫枝、过密枝。同时将竖直向上生长的徒长枝进行短截或用绳索向侧方拉弯固定，有意识地迫其矮化。

（2）每年11月中旬至12月下旬进行修剪，结合清园（晚熟品种），修枝整形，促进树体营养积累，以利明年开花结果。

2. **树冠截顶**

人工栽培的余甘子树，株高可达4～5米，给采收、管理带来不便。为矮化树冠，可在株高2.5米左右时，把树冠顶部的主枝上方截除，促发侧枝，从而减慢树冠向上生长的速度，达到矮化树冠的目的。

3. **老弱树修剪**

对老弱树必须采取更新和回缩修剪措施，回缩修剪的位置要尽量靠近回缩枝条的母枝。在更新或重回缩修剪之前，应进行深耕，增施肥料，增强树的长势。

（三）冻害后的树冠处理

我国余甘子栽培区较广，不同年份、不同地区会发生轻重不一的冻害，可使余甘子受害。能识别枝条死伤部位的，可尽快将其剪除，也可待翌年春梢抽吐后剪除。

二、土 壤 管 理

余甘子园的土壤管理主要是修缮梯田、减少水土流失；改土、培土、改善土壤的理化性质，提高土壤肥力，扩宽和加深土壤根系活动层，为余甘子树生长发育创造良好的土壤环境，达到速生、早

结、丰产的目的。同时，通过果园的合理间套种增加余甘子园的早期收益。

（一）土壤管理措施

1. 果园整修

新建的梯田前沿未沉实、牢固，后壁受雨水冲刷，因此常有积土阻塞排水沟，从而影响排水，因此，新建余甘子园要继续整修梯田和扩宽鱼鳞坑，夏、秋季应及时疏通排水沟，修补、加固梯田。随着树冠逐年扩大，根系不断向外伸展，梯田后壁需预留厚0.8米左右的坡土，在冬季逐步修削扩宽梯田面、适当加高梯田前沿，以加深、加大余甘子根系的土壤活动层，增加土壤肥分。鱼鳞坑植地则采取"内挖、外填"的方法，逐年扩大田面，以至修成小平台。通过上述工作把整个余甘子园的梯田逐步建成保水、保土、保肥的反倾斜"三保"梯田。

2. 土壤覆盖

余甘子园土壤覆盖常用的方式有两种：一是生物覆盖，即在园中的株行间利用自然生长的藿香蓟、铺地木芝、假花生等良性杂草覆盖地表，或栽培印度豇豆、凉粉草、黑绿豆、花生等作物覆盖地表。二是利用收获作物所得的茎、秆、藤、蔓等和割取的野生绿肥植物等覆盖余甘子树的树盘、地表。土壤覆盖可防止夏、秋季地温下降过多；减弱风、雨冲刷表土的强度，减少或防止表土板结；减少径流造成的水土流失；有利于冬季和早春土壤保温、保湿，减少冻害和旱害。覆盖物腐烂后，还能增加土壤有机质和肥分、改善土壤的团粒结构，创造出更适合余甘子根系生长的土壤环境，促使根系发展和枝梢生长，使余甘子提早结果和丰产稳产。

3. 扩穴改土

余甘子的植穴，一般深30厘米，宽、长均为30～50厘米，如果植地土壤硬而瘦瘠，将会影响余甘子树早期根系发展，达不到速生、丰产的目标。因此，如果春植的余甘子改良土壤所需压绿材料较易取得，当年秋、冬季便可开始扩穴改良土壤。通常情况下，每年在植株两侧或近梯壁一侧任选一处进行扩大；从经过改土的植穴边缘开始扩穴，深和宽均为20～30厘米，长40～50厘米，逐年轮换位置进行。压绿改土常用绿肥（作物的茎、秆、藤）和农家土杂肥，再加入适量石灰或壳灰、过磷酸钙等，分底层和中层压埋这些材料。所挖起的穴土，应全部覆在扩穴上，避免雨季因回填土沉实凹陷造成积水而引起烂根。鱼鳞坑扩穴改土采用"内挖、外填"方式开穴。压绿时，铲下鱼鳞坑后壁的杂草和表土回填，达到改良土壤和扩大鱼鳞坑面积的目的，以利最终整理成小平台。现在，一般对在植穴先施商品有机肥作为基肥。

4. 培土与垦复

（1）培土。余甘子树在良好的土壤环境中可保持生长旺盛、丰产，有条件的均可进行培土。这不仅可以保护根系，减少外界不良因素影响，还可增厚根系土壤活动层；所培的土还含有一定量的速效肥，久经风化后还能释放出潜在的养分，具有施肥的作用。余甘子园培土有两种方式：一是修削植地梯田后壁的表土进行培土；二是客土培土，就近挖取山野表层红壤、黄壤进行培土。通常情况下，一次培土厚度10～15厘米，多在秋、冬季农闲时节进行。

（2）垦复。老余甘子园久不耕作，表土板结，通透性不良。一般可在采果后结合全园施土杂肥进行垦复，深度15厘米左右，并清除杂木，使土壤疏松、透气，减少地表径流和土壤流失。垦复的园土，经过冬季晒白、风化，可释出潜在的养分供余甘子树春季开花结果；同时还可消灭一些地下害虫。这项工作可与培土轮换进行，三年一次。

（二）间作与套种

新建余甘子园如果是整片开发的可以间套种其他经济作物、杂粮或果树。这能增加果园前期的经济收益，以短养长；间套种作物覆盖园地，可减少杂草与余甘子树争肥的现象并防止水土流失；收获深根性的作物，还可深翻园地，改良土壤的通透性，增加有机质，提高土壤肥力。间套种应种矮秆、生长期较短、经济效益较好的作物，如在有水源和土层较厚的山坡地可间种花生、大豆、绿豆、豇豆等豆肥兼收的豆科作物；疏植的余甘子园可因地制宜地间种杨梅等其他果树，错开收获季节，使园地一年有多次收获。余甘子园进行间套种，必须坚持科学管理，方能达到预期的效果。

三、肥水管理

余甘子树生长和开花结果必须从植地土壤中吸收多种营养元素和水分，其中大部分通过同化长成树体而被固定，一些则被收获的果实带走。但植地土壤的固有营养元素是有限的，为使余甘子树速生、丰产稳产、长寿，在栽培管理上必须进行施肥，提高土壤肥力，以满足余甘子树生长和结果的需要。

（一）主要营养元素及其作用

余甘子树和其他果树一样，在生长过程中必须吸收利用碳、氢、氧、氮、磷、钾、钙、镁、硫、硼、锌、铁、锰、铜、钼、氯等必需元素，才能维持正常的生命活动。这些元素按需求量被分为大量元素和微量元素。其中，碳、氢、氧元素是树体的基本组成成分，占树体90%以上，是大量元素，氧与氢从水中获得，碳通过光合作用从空气中获取，所以不列入土壤养分范围。生长中需要量较大的有氮、磷、钾、钙、硫、镁等大量元素，必须从土壤中吸取。硼、锌、铁、锰、铜、钼、氯等因需要量极微，被称为微量元素，也需从土壤中吸取。大量元素和微量元素还可以从叶面喷施的低浓度液肥中吸收补充。各主要元素的作用简述如下。

1. 氮

氮是蛋白质的最基本成分。氮素可促进植株营养生长，使幼树早日形成树冠，延缓老树衰老，提高光合作用效率，促进氮的同化和蛋白质的形成，提高品质和产量。在一定范围内叶片含氮量稍有增加，对枝叶生长和果实发育就有明显的效果。当缺氮时，光合作用能力差，生长受到抑制，表现为叶片小而薄，失绿黄化，提早衰老脱落，根系生长发育不良。氮素的缺乏还会影响树体对磷、钾、钙等其他元素的吸收。但氮素过多会造成枝梢徒长，不利于幼龄、壮龄余甘子树成花坐果，甚至引起落花落果。

土壤中的氮绝大部分存在于有机质中，余甘子栽培区的山地土壤多是红壤、砖红壤、黄壤，在开垦后由于暴雨冲刷，有机质含量仅存0.8%～1.5%，土壤全氮含量只有0.05%～0.08%，有机质和全氮含量都偏低。因此，需要施氮肥补充养分，才能满足余甘子正常生长、结果的需要。

2. 磷

磷是细胞核的重要组成成分，它对细胞分裂和植物器官组织的分化发育，特别是开花结果具有重要作用，它能促进花芽分化、果实发育和种子成熟，以及提高果实品质，还能提高根系的吸收能力，促进新根的发生和生长，增强树体的抗病性、抗旱性，提高抗寒害能力。

缺磷时，新梢和叶片长势减弱，花芽分化质量差；而磷过剩也会影响植株对氮、钾的吸收。但磷易转为固态磷，一般不会产生过剩现象。

红壤中速效磷含量往往不足5毫克/千克，要适当施磷肥才能保证余甘子正常生长。

3. 钾

钾参与树体内各种重要反应，在酶的活动中起活化剂作用，能促进蛋白质合成，可促进养分运转、果实膨大、糖类转化，使植株组织紧密、生长加粗并能提高树体的抗性。钾不足会引起碳水化合物和氮的代谢紊乱，使蛋白质合成受阻，叶和其他组织非蛋白态的可溶性氮素增加，抗病力降低。缺钾的余甘子不能有效地利用硝酸盐，从而影响光合作用，减少同化产物，因而生长不良，导致叶

小、果小。

低丘红壤的全钾平均含量在1.2%、100克土壤中缓效钾及速效钾的平均含量不足10毫克，这类土壤钾素供应水平属于偏低范围，余甘子需钾量仅次于氮，必须施用钾肥补给。

4. 钙

钙是构成细胞壁的重要元素，并在树体内平衡各种生理活动。土壤中适量的钙可减轻土壤中的钾、钠、氢、锰、铝等离子的毒害作用，有利于树体生长发育和正常吸收铵态氮，同时可改善土壤的结构。缺钙时植株生长受抑制，幼嫩组织抗病力差，嫩叶和幼果易受病菌等感染。余甘子需钙量也较高，栽培区又多属酸性土壤，含钙的硅酸盐矿物已遭受强烈的分解，盐基也受到淋失，因此，含钙量均较低，平均全钙含量不足0.5%，需施含钙的肥料补充钙元素。

5. 硫

硫在树体各部分均匀分布，是细胞质的构成成分。硫不足时，蛋白质含量明显减少，叶绿素的形成也受影响，导致叶片失绿。而土壤硫含量过高则对根系有害。

6. 镁

镁是叶绿素的核心成分。镁能提高光合作用效率，有利于有机物的合成和积累，可促使果实膨大，提高质量和产量。缺镁时，叶片失绿黄化。在多雨的南亚热带，土壤中的镁易流失，宜适量补给。

7. 硼

硼在植物生殖生长中有重要的作用，可促进花粉萌发和花粉管生长伸长，提高受精率，对子房发育也有促进作用。同时，硼有利于细胞分裂，促进输导组织形成，增加维生素和糖的含量，提高植物品质，还能改善氧对根系的供应，增强根系吸收能力，促进根系发育。硼也能提高细胞原生质的黏滞性，增强抗病力。缺硼时花器萎缩，易引起果实畸形、落花落果。

余甘子产区，水溶性硼量均偏少，平均含量皆低于一般缺硼临界值0.5毫克/千克，因此易出现缺硼现象，应适当补充。

8. 锌

锌是多种酶的组成成分，参与生长素的合成，对蛋白质的合成起催化作用。缺锌可使叶片变小，呈簇生状。

9. 铁

铁参与叶绿素的形成，与氮的代谢和蛋白质的合成关系密切。缺铁会使树体氮代谢失调，氨态氮过多积累则使组织坏死。一般在酸性土中不会缺铁。

10. 锰

锰参与光合作用、呼吸作用，以及蛋白质与无机酸代谢等重要生理活动。一般园土中不会缺乏。

11. 铜

铜是酶的重要组成成分，为呼吸作用的触媒，参与叶绿素的合成和糖类、蛋白质的代谢。一般条件下不会缺铜。

12. 钼

植物依赖钼进行硝酸还原过程。缺钼会阻碍植株对氮的吸收。

（二）肥料种类

1. 有机肥

有机肥是指以有机质为主的肥料，如人粪尿、禽畜粪、麸、鱼杂肥、经过处理的城市垃圾、塘泥、绿肥等。目前来源较丰富、使用成本较合理、施用方便的有机肥有鸡屎、麸（花生麸、菜籽麸）、经过处理的城市垃圾等。有机肥富含各种养分元素，属完全性肥料。同时，有机肥中有机质含量多，多施用可有效改善土壤的理化性质，提高整体土壤肥力水平。但有机肥仍具有效能发挥较迟缓、体积大、有效成分含量低、搬运困难、在交通不便或坡度较大的余甘子园施用成本较高等缺点。目前，多施用有效成分含量高的鸡屎、麸等，若配合化肥施用，效果更好。常用有机肥营养元素含量见表8。

表8 常用有机肥营养元素含量

肥料名称	氮/%	磷/%	钾/%	肥料名称	氮/%	磷/%	钾/%
花生麸	6.32	1.17	1.34	鸡毛	9	0.15	0.15
大豆麸	7	1.32	1.34	兽蹄	14.5	0.2	0.3
菜籽麸	4.6	2.5	1.4	胶骨粉	0.55	28.1	—
茶籽麸	1.11	0.37	1.23	草灰	—	1.6~2.5	4.6~7.2
腐熟人粪尿	0.57	0.13	0.27	塘泥	0.33	0.39	0.34
猪屎（鲜）	0.61	0.23	0.28	早稻秆（干）	0.5	0.24	3.03
牛屎（鲜）	0.3	0.25	0.1	晚稻秆（干）	0.48	0.32	2.42
羊屎	0.42	0.2	0.3	花生藤	0.7	0.12	0.05
鸡屎	1.6	1.5	0.9	绿豆苗（鲜）	0.54	0.1	0.8
鸭屎	1	1.4	0.6	山毛豆（鲜）	0.07	0.09	0.48
鸽屎	1.6	1.8	1	藿香蓟（臭草，鲜）	0.85	0.16	0.57
猪毛	9.34	0.22	0.15	印度豇豆（风干）	2.66	0.45	2.5
头发	13~15	0.08	0.07	飞机草（干）	3.25	—	5.26

2. 无机肥

无机肥是由工厂化学合成的肥料，又称矿质肥，简称化肥。化肥见效快，有效成分含量高，用量少，搬运和施用方便、省力。但长期施用化肥或偏施某单元肥，易使土壤的理化性质恶化。施用不当还会对树体的生长发育产生不利的影响。

化肥又可分为单元肥和复合肥。单元肥是指只含氮、磷、钾三大元素其中一种元素的化肥，而复合肥是指氮、磷、钾三大元素含量均占较高比例，或与一些其他养分元素经均匀混合复制而成的多元肥料。常用化肥营养元素含量见表9。

表9　常用化肥营养元素含量

肥料名称	主要营养元素及其含量/%	肥料名称	主要营养元素及其含量/%
尿素	N：46	磷酸二氢钾	P_2O_5：14～18；K_2O：35
硫酸铵	N：20～21	氯化钾	K_2O：58～62
硝酸铵	N：34～35	硫酸钾	K_2O：50～52
碳酸氢铵	N：15～17	绿兴含硫复合肥	N：15；P_2O_5：3；K_2O：6
磷酸铵	N：17；P_2O_5：47		
过磷酸钙	P_2O_5：12～16	挪威三元复合肥	N：15；P_2O_5：15；K_2O：15 N：21；P_2O_5：6；K_2O：13
钙镁磷肥	P_2O_5：12；Mg：10～35；CaO：22～30		
磷矿粉	P_2O_5：14～18		

　　部分果农为节省生产成本，常自己配制三元混合肥，配后即用。自配三元混合肥的有效成分比例和使用参考见表10。

表10　自配三元混合肥的有效成分比例和使用参考

自配三元混合肥	名称	碳铵混合肥		尿素混合肥	
	代号	碳铵1号混合肥	碳铵2号混合肥	尿素1号混合肥	尿素2号混合肥
肥料用量	尿素/%	—	—	30	27
	碳酸氢铵/%	60	53	—	—
	过磷酸钙/%	30	33	54	52
	氯化钾/%	10	14	16	21
有效成分含量	氮（N）	9	7.95	13.8	12.42
	磷（P_2O_5）	3.6	3.96	6.48	6.24
	钾（K_2O）	6	8.4	9.6	12.6
有效成分比例	氮（N）	1	1	1	1
	磷（P_2O_5）	0.4	0.49	0.46	0.5
	钾（K_2O）	0.66	1.05	0.69	1.01
适应果树		未结果果树	结果果树	未结果果树	结果果树

　　注：1.结果树一般需磷钾肥较多，可用2号混合肥。未结果的以营养生长为主，需氮肥较多，一般用1号混合肥。

　　2. 尿素混合肥的有效成分比碳铵混合肥增加将近1/3，使用时应注意增减。夏、秋季用尿素混合肥；冬、春季用碳铵混合肥较合理。

　　3. 混合肥有效成分含量按尿素含氮46%，碳酸氢铵含氮15%，过磷酸钙含五氧化二磷12%，氯化钾含氧化钾60%计算。

3. 其他肥料

目前尚在试验、示范、推广的肥料还有稀土肥、复合菌肥、羽绒化肥复混肥等，如复合生物菌型的有机肥和添加活性腐殖酸的复合肥料等。

（三）施肥方法

1. 土壤施肥

应根据肥料的性质，土壤情况，余甘子树根系生长、分布情况而采取不同的施肥方法。通常，以树冠外缘滴水线内外为重点施肥区。有机肥应深施，化学肥料可适当浅施，施肥位置要轮换、逐渐外移。土壤施肥方法如图2所示。

（1）环状沟法。适用于树冠尚小的幼树。下透雨后，趁土壤湿润时在树冠下开平底环状沟或半月形沟，深5～7厘米、宽15厘米左右，撒施三元混合肥，然后覆土。

（2）对面沟法。在施肥区开两条对称平底的长沟施肥。无机肥可浅施，有机肥在30～50厘米的深沟施下。

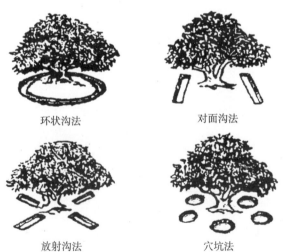

环状沟法　　　　　　　　对面沟法

放射沟法　　　　　　　　穴坑法

图2　土壤施肥方法示意

（3）放射沟法。以树冠外缘滴水线为中心，向树冠内外开长50～100厘米、宽约15厘米的平底放射沟3～4条，开沟深浅取决于施用肥料的种类。此法较少伤根，适用于未封行的低龄树。

（4）穴坑法。适合深施有机肥。在树冠外缘滴水线附近挖深20～30厘米、宽20厘米、长30～50厘米的坑穴2～3个，把掘起的部分表层土壤和有机肥混合均匀后施入穴中，再覆上全部底土。

2. 根外追肥

利用余甘子叶片的气孔和角质层具有快速吸收低浓度液肥的功能进行叶面喷肥，经15～120分钟便能补充余甘子急需的营养元素，起效速度快，输送距离短，用量少，简单易行，对保果、壮果、改善果实品质、矫治缺素症等都有一定的效果。嫩叶、叶背，以及阴湿天气下叶面吸收肥分的强度更高、速度更快。故叶面施肥应选阴天或阳光较弱的午后，空气湿度较大的天气，多喷于叶背。为了提高叶片喷肥的效果，最好加入0.2%洗衣粉作为展着剂。但叶面喷肥量毕竟有限，只能作为土壤施肥的一种应急和辅助措施。如叶面追肥后12小时内遇大雨，必要时应重喷。另外，应根据叶片嫩、老程度，以及喷肥时的温度、湿度适当调整叶片喷肥的浓度，不要在高温干燥时进行，以免降效或发生肥害。为了节省劳力和时间，叶面喷肥可结合除虫喷药进行，叶面追肥的肥料的种类及喷施浓度见表11。

表11　叶面追肥的肥料种类及喷施浓度

肥料种类	喷施浓度/%	肥料种类	喷施浓度/%
尿素	0.3～0.4	硫酸镁	0.2～0.3
磷酸二氢钾	0.2～0.3	硼砂	0.1～0.15
硫酸锌	0.1～0.2	钼酸铵	0.05～0.08

（四）施肥原则与施用时间

以前余甘子多在野生、半野生状态生产，极少专门施肥，其生长发育所需养分只从植地的自然土壤中摄取。因此，生长慢、投产迟、产量低且不稳。随着当前市场形势发展，余甘子果实的营养、保健作用被开发，余甘子树已经是群众的致富果树，为促使种植的余甘子树早结、丰产，增加经济收入，需要对种植的余甘子树进行施肥。

关于余甘子树的施肥，目前尚无研究报道，生产上可根据余甘子树的生物学特性和植地土壤肥力、树龄、生势、结果多少，同时借鉴当地其他果树的施肥状况来确定施肥时间和施肥量。

1. **幼龄未结果树的施肥**

为促使新植余甘子树达到每年抽梢3～4次，尽快形成丰产结果树冠，保证在第2～3年能投产，合理施肥是关键。

（1）定植当年施肥。以栽种施有机基肥为基础，每次新梢转绿期在树冠下施1次三元混合肥壮梢。每株施肥量从30克开始，逐次增加至50～75克。

（2）定植第二年及以后施肥。在冬季施鸡屎等有机肥1次，每株施肥量为1～2千克；每次新梢转绿期再追施三元混合肥100～200克。在翌年的秋梢转绿期，应适当增施草木灰等磷钾肥，促使花芽分化良好。

2. **结果树的施肥**

结果树要求施好三次肥。

（1）壮梢促花肥。在春梢萌发前（去年11月至当年1月中旬前）施用。主要以施用有机肥为主，添加复合肥为辅，结合修排水沟、培土、松土等整园除草工作进行，达到壮春梢、促花和提高坐果率的目的，壮梢促花肥约占年施肥量的50%。

（2）保果壮果。4月余甘子花谢后，主要以施无机肥为主，此时要多施氮肥、磷钾肥，以钾肥为主，即施含钾多的复合肥，如芭田硝基水溶肥，或活性腐殖酸肥，有利于促进小果膨大，减少落果，这一次施肥量约占全年施肥量的30%。

（3）采果后施肥。采果后施一次以有机肥为主，无机肥为辅的基肥，特别是树势弱和当年结果多的余甘子树，更要重视这次施肥，以利于复壮树势，积累养分，抗寒越冬和促进花芽分化，为明年丰产打好基础。

余甘子树的施肥最好在雨后地面湿润时进行，以利于余甘子树对肥料的吸收和利用。

（五）水分管理

余甘子树的灌溉用水要求无污染。春梢、夏梢、秋梢抽发期，果实发育时及发生干旱时要适量灌水，可采用滴灌法，减少水资源的浪费。

提倡余甘子园套种绿肥和自然生草法，以保持果园水分，提高防旱保水能力。雨季或果园积水时，要及时疏通果园排水渠道，保障排水通畅。

四、病虫草害及其防治

余甘子在云南西部（滇西）地区和广东东部（粤东）地区发生的主要病虫害有相同点，也有部分差异，滇西、粤东地区余甘子主要病虫害见表12。

表12　滇西、粤东地区余甘子主要病虫害

地区	虫害	病害
滇西地区	橘斑簇天牛、兴透翅蛾、咖啡豹蠹蛾、长盾蝽、堆蜡粉蚧、蛀斑螟、黄羽毒蛾、小吉丁、芒果双棘长蠹、考氏白盾蚧、银毛吹绵蚧、茶蓑蛾、白囊蓑蛾、油桐尺蠖、金龟、桃蚜、象鼻虫、果蝇，瘤状虫瘿、刺球状虫瘿	黑粉病、炭疽病、褐腐病、煤污病、枝枯病、疮痂病、褐斑病、软腐病、黑疔病、膏药病、干腐病、枯梢病、立枯病、花叶病毒病
粤东地区	堆蜡粉蚧、红圆蚧、褐圆蚧、糠片蚧、矢尖蚧、吹绵蚧、蚜虫、卷叶蛾幼虫、白蛾蜡蝉、拟木蠹蛾、柑橘小实蝇、咖啡豹蠹蛾、红蜘蛛	煤污病、锈病、炭疽病

粤东地区余甘子主要病虫草害发生规律及防治措施如下。

（一）病害

1. 煤污病

煤污病的病原是真菌，叶片发病初期出现一层暗褐色小霉斑，后成黑色煤层，妨碍叶片光合作用，影响树的生长；为害余甘子果实，使果实表面蒙上黑色煤层，影响果实外观和品质。煤污病多由蚜虫、粉虱、介壳虫等的分泌物引发，要防治好余甘子煤污病，关键在于防治好蚜虫、粉虱、介壳虫。

2. 锈病

锈病可由生理性或非生理性因素引起。生理性锈病主要是受余甘子自身生长发育影响，随着余甘子的果实成熟衰老，果皮老化，会出现不规则破裂、褐变，形成花斑。非生理性锈病可由红蜘蛛或病原菌等侵染引起，其主要的病原菌尚未鉴定，果实和叶片发病之初出现褐色小斑点，小斑点逐渐增多，后变成暗褐色，影响果实外观和品质，甚至造成生长停滞、早落果。但不同余甘子品种发病有差异，有些品种则不受侵染。喷80%代森锰锌可湿性粉剂500～800倍液能有效防治锈病。

3. 炭疽病

炭疽病的病原为真菌，我国南方绝大多数的果树都会受害，余甘子亦不例外。炭疽病菌借风雨或昆虫传播，夏、秋季高温多雨，冬季冻害较重及早春温度低、阴雨多都会加剧炭疽病的发生。主要为害余甘子树叶和果实，染病的叶片脱落，初染病的果实表皮产生锈斑，影响果实外观和品质，染病较重的果实会腐坏和掉落。

余甘子煤污病、锈病、炭疽病的防治可用抗真菌的药剂，防治上述病害要及时，以预防为主，在感病初期用药，药剂可选用50%甲基托布津可湿性粉剂1 000倍液、25%丙环唑乳油1 000倍液、25%瑞毒霉可湿性粉剂800～1 000倍液、80%代森锰锌可湿性粉剂500～800倍液、60%吡唑醚菌酯水分散粒剂1 000倍液、45%咪鲜胺水乳剂1 500倍液等。

余甘子全年病虫害综合防治措施：①春季萌发新梢现蕾期，开花后（花期避免用药）用2.5%高效氯氟氰菊酯乳油1 000～2 000倍液，加3%啶虫脒乳油1 000倍液，加60%吡唑醚菌酯水分散粒剂1 000倍液混合喷施，可有效地防治余甘子树的多种病害和虫害。

②在5月下旬至6月中旬，用1.8%阿维菌素乳油1 000～2 000倍液，加25%丙环唑乳油1 000倍液、25%噻嗪酮可湿性粉剂1 000倍液混合喷施，可有效地防治余甘子的多种病害和虫害。

③采果后，结合清园可用48%乐斯本乳油1 000～1 500倍液，加10%吡虫啉可湿性粉剂1 200～1 500倍液、80%代森锰锌可湿性粉剂800～1 000倍液混合喷施，可有效防治余甘子的多种病害和虫害。

（二）虫害

1. 蚜虫

蚜虫是吸食植物汁液的害虫，成虫和若虫常群集于新梢嫩叶吸食汁液，使叶片枯黄、凋落。春季余甘子树开始萌发新梢时和开花期间，极易发生蚜虫为害，如果没有进行防治，会造成花蕾幼果大量脱落，严重影响余甘子结果；蚜虫分泌物还会导致煤污病。生产上应及时进行防治，可选用2.5%高效氯氟氰菊酯乳油1 000～2 000倍液、10%吡虫啉可湿性粉剂1 000～1 500倍液、25%噻嗪酮可湿性粉剂1 000～1 500倍液等杀虫剂进行防治。

2. 卷叶蛾幼虫

卷叶蛾幼虫俗称"丝虫"，是嚼食叶片的小虫，因常常吐丝卷叶成巢而得名。主要为害余甘子的叶片，造成落叶。在生产中宜重视清园，清除枯枝落叶，消灭越冬幼虫或蛹的越冬场所，减少虫源。常选用48%乐斯本乳油1 000～1 500倍液、1.8%阿维菌素乳油1 000～2 000倍液进行防治。

3. 白蛾蜡蝉

白蛾蜡蝉俗称"白鸡"，属半翅目蛾蜡蝉科。寄主有荔枝、龙眼、黄皮、杧果、乌榄、橄榄、余甘子等。其成虫、若虫群集于枝干、嫩梢、果穗吸食汁液，致使树势衰弱，嫩枝肿大，引致落叶、落果。被害部还布满棉絮状蜡质分泌物，可诱发煤污病。

白蛾蜡蝉一年发生1～2代，以成虫在寄主上越冬，翌年春季开始产卵于嫩梢、叶柄中。第一代若虫盛发于4—5月；第二代若虫盛发于8—9月。若虫有群集性、善跳、多夜间活动，随着龄期增大而逐渐扩散为害。

白蛾蜡蝉在余甘子园局部发生，进行药剂防治时，可选用90%晶体敌百虫800倍液加0.2%洗衣粉、4.5%高效氯氰菊酯乳油2 000倍液等杀虫剂喷杀。

4. 拟木蠹蛾

拟木蠹蛾俗称"蛀虫"，在广东一年发生1代，以幼虫在坑道内越冬，3—4月化蛹，4—5月羽化，6月开始出现幼虫为害。低龄幼虫在枝干分叉、伤口或皮层断裂处蛀害，吐丝缀连虫粪和枝干皮屑做成隧道，幼虫白天藏匿其中，夜间钻出啃食树皮。幼虫稍大后，沿树丫、伤口蛀食木质部形成坑道，影响水分和养分的运输，削弱树势，严重为害时枝干干枯，甚至枯死。

防治方法：①清除树干上的爆裂树皮和虫道，刷上12%生石灰浆。

②用棉花蘸80%敌敌畏乳油50倍液堵塞洞口或灌注坑道进行熏杀。

③用铁丝刺杀坑道内的幼虫及蛹。

5. 咖啡豹蠹蛾

咖啡豹蠹蛾又名咖啡木蠹蛾、豹纹木蠹蛾。幼虫蛀食枝条，导致被害的枝条干枯，幼树衰弱，甚至死亡。

咖啡豹蠹蛾一年发生2代，以幼虫在被害枝干坑道内越冬，2月下旬化蛹，第一代成虫出现于4—6月，第二代成虫出现于8月至10

月初。成虫白天静伏，黄昏后开始活动，有弱趋光性。卵成块产于孔道内，亦有单粒散产于树皮缝、嫩梢顶端或腋芽处。刚孵化的幼虫先吐丝结网覆盖卵块，群集在网下吃食卵壳，2～3天后开始分散取食，多从枝条顶端或腋芽蛀入，然后向枝条或幼苗茎干上部蛀食，导致枝条被害枯萎。此时，幼虫钻出枝条，向下转移到不远处的节间腋芽处蛀入枝内继续为害，并隔一定距离向外蛀一排泄孔排出粪便，状如箫。随着虫龄增大，幼虫渐向下蛀食较大枝条，加速了枝条枯死。老熟幼虫在蛀道内吐丝结缀粪便和木屑，堵塞两端作蛹室化蛹。

防治方法：①幼虫发生为害季节经常检查，及时剪除被害枝条或挖除被害苗木。用棉花蘸80%敌敌畏乳油50倍液堵塞洞口或灌注坑道，再用黏土封闭孔口，以熏杀幼虫。

②用铁丝刺杀坑道内幼虫及蛹。

③卵孵化盛期至幼虫蛀入枝干前，于下午至傍晚用杀虫剂喷湿蛀道和蛀道附近枝干的树皮，使幼虫取食致死。药剂可选用2.5%溴氰菊酯乳油1 000～1 500倍液、4.5%高效氯氰菊酯乳油1 000～1 500倍液、48%乐斯本乳油1 000倍液等。

6. 介壳虫类

为害余甘子树的常见介壳虫有堆蜡粉蚧、红圆蚧、褐圆蚧、糠片蚧、矢尖蚧和吹绵蚧等。

堆蜡粉蚧又名橘鳞粉蚧，以成虫、若虫为害嫩梢和幼果。新梢被害造成枝叶弯曲，幼果被害多发生在余甘子果肩处，严重发生时，枝叶干枯，幼果脱落，同时诱发煤污病，导致树势衰弱，产量降低，果品次劣。

堆蜡粉蚧在广东一年发生5～6代，是对余甘子造成较严重危害的介壳虫。以若虫和成虫在树干、枝条的裂缝或洞穴内越冬。3月下旬前后出现第一代卵囊，第三代以后世代明显重叠。若虫和雌虫群集于嫩梢、果柄和果蒂上为害较多，其次是叶柄和小枝。堆蜡粉蚧4—5月和10—11月虫口密度最高，田间世代重叠，大多数情况下，雌虫量少，多行孤雌生殖。

防治方法：①加强果园管理，剪除被害枝叶，减少越冬虫数。

②在若虫盛孵期喷药，可选用25%噻嗪酮可湿性粉剂1 000倍液、48%乐斯本乳油1 000～1 500倍液、22.4%螺虫乙酯悬浮剂2 000～3 000倍液等。

总之，在早春介壳虫便开始取食，雌成虫产卵后，经数日便可孵化出无蜡质介壳的能移动的小虫，为初孵幼虫。幼虫在植株上爬行，找到适合的住所后便把口器刺入植物体内吸取汁液，开始固定生活，使寄主植物丧失营养并大量失水。受害叶片常出现黄色斑点，日后提早脱落。幼芽、嫩枝受害后长势不良，发黄枯萎。介壳虫在为害植物的同时，还排出大量蜜露，导致煤污病发生，影响叶片光合作用；受害严重的植株树势衰退，甚至全株枯死。

根据介壳虫的生活史，应在若虫盛期喷药，因此时大多数若虫孵化不久，体表尚未分泌蜡质，介壳还未形成，喷洒药剂比较容易将其杀死。可选用25%噻嗪酮可湿性粉剂1 000倍液、1.8%阿维菌素乳油1 000～2 000倍液、48%乐斯本乳油1 000～1 500倍液、5%啶虫脒可湿性粉剂1 500～2 000倍液，连续喷药2～3次，药剂交替使用，间隔10天左右，均有良好的防治效果。

③保护和利用介壳虫天敌。捕食吹绵蚧的澳洲瓢虫、大红瓢虫，寄生盾蚧的金黄蚜小蜂、软蚧蚜小蜂、红点唇瓢虫等都是介壳虫类的有效天敌，可以用来控制介壳虫造成的危害，应加以合理保护和利用。

7. 柑橘小实蝇

柑橘小实蝇又名橘小实蝇、东方果实蝇、蛀果虫、针蜂，简称果实蝇。主要寄主有柑橘、番石榴、阳桃、枇杷、杧果、桃、李、莲雾、无花果、番木瓜等。为害状主要表现为幼虫蛀食果肉，导致果实腐烂、落果。

柑橘小实蝇在华南地区繁殖非常快，一年发生5～11代，世代重叠；广东省在2月中旬始见成虫，6月、9—10月为发生高峰期。成虫以花蜜、烂果等为食料，四处飞行，无固定取食栖息地。成虫趋黄性强，对性激素很敏感。雌成虫以尾部的产卵管刺入果实表皮下的组织中产卵，每处产卵2～15粒，每头雌成虫产卵200～400粒，卵孵化的幼虫在果肉中取食成长，还能转果为害，导致余甘子果实出现黑斑、腐烂、落果。

防治方法：①清园。柑橘小实蝇幼虫成熟后从被害果中爬出，在土壤中化蛹和羽化，所以要及时对受害果园的落果进行集中收集，再采取深埋（加杀虫药）、水浸、焚烧等方法杀死落果内幼虫。或冬季浅翻果园表土7～10厘米，改变蛹在土层中的位置，使蛹不适应环境而无法正常孵化，从而降低来年虫源基数。

②诱杀。应用专用性诱剂和诱捕器诱杀雄成虫，可诱杀大量雄成虫而减少雌虫产卵数量，及时减少虫源。诱捕器每亩均匀安放5个，每个诱捕器内放进性诱剂诱捕雄成虫，性诱剂每20～25天添加一次。利用柑橘小实蝇趋黄性可在果园挂黄色黏虫板诱杀成虫。每10～20天更换一次，每10平方米悬挂一张。

③化学防治。成虫发生量大的果园可选用1.8%阿维菌素乳油1 000～2 000倍液、90%晶体敌百虫800倍液或4.5%高效氯氰菊酯乳油1 500倍液均匀喷施。

8. 红蜘蛛

红蜘蛛俗称蜘蛛、大龙、砂龙等，学名叶螨。其寄生广泛，主要为害柑橘、枣树、棉花、玉米、豆类及多种蔬菜。以成螨、幼螨、若螨群集叶片、嫩梢、果皮上吸汁为害，引致落叶或在果皮产生锈斑，以叶片受害为重。红蜘蛛繁殖力强，一年发生多代，发育速度快，周期短，两性、孤雌均可繁殖，适应性强，传播方式广，危害性大。

防治方法：在幼螨发生初期进行喷药，可选用2%阿维菌素乳油1 000～1 500倍液、22.4%螺虫乙酯悬浮剂2 000～3 000倍液、57%克螨特乳油2 000倍液。

（三）草害

余甘子园生草可以改善果园的生态环境，但杂草亦有良莠之分，应去莠存良，科学处理。

1. 恶性杂草

白茅、芒等是多年生宿根性草本植物，生长快、吸肥力强、消耗土壤肥力多，既影响余甘子生长，又妨碍农事操作，应予根除。

灭除方法：在夏、秋季恶性杂草生长丰茂，用10%草甘膦水剂30倍液加0.3%洗衣粉作展着剂喷杀，切勿喷及余甘子树叶，以免发生药害。喷药后6～8小时如遇大雨，应重新喷药。如果1次未能取得良好效果，可隔30～50天再喷药，直至消灭为止。

2. 一般性杂草

杂草生长太丰茂，有碍果园管理时，应采用机械剪短或人工割短的方式处理。待8—9月开花结籽前，再用20%乙羧·草铵膦微乳剂300～400毫升对水50千克喷杀杂草。

3. 良性杂草

藿香蓟（臭草）等既是果园的优等生物、覆盖草本，又是良好的绿肥，同时也是害虫天敌的自然繁殖场所，应予利用、保护。通常在种子成熟后，结合果园松土把它处理成干草覆盖。

五、应对自然灾害

（一）预防火灾

山地余甘子园外围常长满芒萁等杂草，秋、冬季天气干燥易发生山火致果园被烧毁。应适时把芒萁等杂草割除作果园覆盖物，也可用10%草甘膦水剂喷杀，并开设好余甘子园外围的防火沟，宣传安全知识，及时扑灭火源，以免发生火灾。

（二）防冰霜冻害

（1）在余甘子适栽区边缘地带，最好避免在空气流通不畅、冷空气易沉积发生寒害的山窝、谷地建园。

（2）及时采收。已成熟的余甘子果实应及时采收，避免果实受寒冻伤。

（3）树干涂白。树干刷白能保护树干，减少冻害，用12%生石灰浆涂刷主干和大枝。

（4）果园熏烟。就地取材，收集杂草、谷壳、木屑、落叶等，每亩4堆，覆上湿草或薄泥，在霜冻来临前的上半夜点燃，产生烟雾抑制辐射降温，防止霜冻。此措施必须确保用火安全，每次熏烟时间以6～8小时为宜。

（三）防台风等风害

营造防风林，降低风速，减少风害，并可增加果园的空气温度和湿度。

第七章 余甘子采收、贮存与加工

一、采　　收

余甘子有一年中多次开花结果的特性。粤东地区正造果在春季开花结果，8—11月果实成熟；二造果在秋季开花结果，翌年1—3月果实成熟。余甘子不同品种因种质和生态环境（纬度与海拔）不同，成熟期亦有先后；成熟的果实表皮亦有其固有的淡黄色、玉白色、赤色等。采收期应根据余甘子品种成熟的时间、销路、皮色、口感、鲜食和不同加工用途对成熟度的要求进行采收。另者，余甘子成熟的果实可以留树保鲜而延长采收期与市场供应期，还可增产、增收。

余甘子采收应分期进行，大果先摘、单果采摘，不要用竹竿等敲落果实，以免损叶、伤果、伤枝，影响余甘子树的生长和果实质量。采收的果在运输、贮存时，应轻装、轻放，避免果实损伤。

二、贮　　存

常温下，完好无伤的余甘子果实可以保存15～30天（存在品种、季节、地区差异），用塑料编织袋或用加厚的透明薄膜袋装果，每袋以20～25千克为宜，袋口半敞开。如要延长贮存期，可以低温贮存，温度5～12℃，贮存期为一个月左右，不同地区、不同品种最适低温有差异，应通过试验确定。

三、果 实 加 工

余甘子果实除少量供鲜食、煲汤外，大部分用于加工成食品、医疗保健品，传统加工制品有盐渍余甘子、糖水余甘子、果脯、蜜饯、果酱、果汁、果酒、果醋、果粉、果糕，还可用于泡制余甘子酒，加工成余甘子茶等。工业上可用于提取单宁、维生素C作化妆品原料。下面介绍余甘子果实的主要食品加工方法。

（一）盐渍、糖渍余甘子

1. 盐渍余甘子（初加工）

工艺流程：鲜果→选果→清洗→盐矾液浸泡→封口保存。

制作要点：盐矾液按50千克鲜果加食盐3～4千克、明矾0.3～0.5千克的比例进行配制；余甘子倒入盐矾液要搅拌均匀，液面要浸没果实；浸泡1个月，可以捞出食用或继续加工，保存期3～4个月。

2. 盐水余甘子

工艺流程：原料→分级→清洗→浸泡→装瓶→密封。

制作要点：每50千克鲜果加盐2～2.5千克，浸泡18～24小时，可装瓶密封。

3. 卤余甘子

工艺流程：盐渍余甘子（初加工）→水漂洗→香料水浸渍→瓶装→加盐水→密封→消毒→成品。

制作要点：余甘子漂洗沥干后用香料水（即甘草、肉桂、橘皮等煮制成的过滤液）浸渍一周后捞出清洗，沥干水后按果实大小分级装瓶，加入3%～5%盐水，密封消毒后即为成品。卤余甘子存放时间越长，风味越佳。

4. 糖水余甘子

工艺流程：鲜果→石灰水浸泡→漂洗→脱皮→糖煮、浸渍→装罐（用26%糖液浸泡）→排气→封口→杀菌→检验→贴标→成品。

制作配方：糖液配方为水74%、白糖26%、柠檬酸0.20%。

（二）蜜饯、果脯

1. 蜜饯

工艺流程：鲜果→选果→脱皮（预煮15分钟，然后倒入浓度2.5%～4% NaOH溶液中脱皮）→漂洗（24小时）→盐渍（10%盐水泡2～3天）→漂洗脱盐→糖渍（30%白糖液煮2～4分钟，糖渍12小时；增加糖度10%～15%煮制3～4分钟；重复1次，使糖度达到65%）→捞出晒干→包装。

2. 果脯

工艺流程：鲜果→选果→清洗→去皮→脱涩→漂洗→糖浸渍→脱水→包装。

制作要点：选择新鲜的好果清洗后沥干，用5% NaOH溶液浸果脱皮，漂洗后用8%食盐液脱涩，再经漂洗后，依次倒入35%、45%、55%糖液中，分别浸泡24小时，将果捞出，沥干即为成品。

3. 高糖余甘子果脯

工艺流程：鲜果→拣选→脱皮→漂洗→第一次煮制与浸泡（40%糖液）→第二次煮制与浸泡（68%糖液）→烘干→包装→成品。

4. 低糖多味余甘子果脯

工艺流程：鲜果→拣选→盐渍（10%盐水浸泡）→漂洗→晒干→糖煮与浸泡→烘干→包装→成品。

（三）果酱

工艺流程：鲜果→挑选清洗→去核→预煮→打酱→加糖浓缩→装罐→杀菌→冷却。

制作要点：选新鲜的好果清洗、脱核、加热软化、打酱，用糖量为鲜果量的60%，分两次加入，将果酱调至pH为3～4，加热浓缩，待可溶性固形物含量达65%时，加入适量的琼脂搅匀，即可起锅，装瓶后排气，杀菌，即为成品。

（四）余甘子果汁

工艺流程：①鲜果→选果→洗果→脱核→压榨→澄清→过滤→储汁→杀菌→包装→原汁产品。

②选果→洗果→烫漂→冷却→去核→捣碎→压榨→原汁→预热→封口→贮藏20天→吸取清液调配→预热→封口→杀菌→冷却→成品。

制作要点：①烫漂、冷却。把余甘子放入90～100℃、3%盐水中，烫漂3分钟，迅速放入流动水中冷却至不烫手即可。

②捣碎、压榨。以果肉：水＝1：1捣碎压榨出汁。

③封口、贮藏。原汁预热至90℃，即装缸、封口、冷却，低温（5℃以下）贮藏20天以上。

④调配、预热、封口。吸取贮藏20天以上的澄清液进行调配：含糖40%、酸1%，羧甲基纤维素钠盐（CMC-Na）0.15%、柠檬黄少许，加热到100℃，即装瓶封口。

⑤杀菌、冷却。封口后100℃下杀菌10秒，迅速冷却。

采用本工艺加工的余甘子果汁，味浓，香气好，稍带涩味，回味生津快，100克果汁中含维生素C 150～212毫克，贮藏3个月不发生沉淀。

（五）余甘子果酒

工艺流程：鲜果→选果→清洗→去皮→热烫→去核→破碎→打浆→果胶酶及SO_2处理→静置→粗滤→余甘子原汁→糖酸调配→主发酵→分离→后发酵→陈酿→调配→澄清、过滤→装瓶→杀菌→成品。

制作要点：鲜果在2.5%～4% NaOH溶液（温度70～80℃）中去皮20～40秒后，用100℃蒸汽处理1.5～2分钟，浆体中果胶酶和亚硫酸钠分别按0.1%、120～150毫克/升进行添加，采用一次加糖法将浆液糖度调至20%～25%，pH控制在3.5～4，在该条件下发酵10～12天（温度5～20℃），后发酵3～4天，采用明胶澄清法澄清酒体并过滤，最后在65～70℃下进行15分钟的巴氏杀菌。酿制出的果酒清澈透明，浅绿、略带黄色，甜酸爽口，醇和浓郁。

（六）余甘子果粉

余甘子加工成果粉基本上保持鲜果的类超氧化物歧化酶活性物质与70%以上的维生素C含量，便于运输保存，不但可以配制饮料，还可添加到各类食品、茶叶、糕点中，也可以进一步加工成颗粒剂、含片。

工艺流程：①鲜果→选料（80%～90%成熟度）→清洗（清水或高锰酸钾）→热烫（100℃蒸汽1.5～2分钟）→冷却→破碎去果核→酶处理（0.015%～0.02%果胶酶，pH 3.8～4.2，40～45℃，2～3小时）→恒温浸提（60～70℃，3～5小时）→过滤→余甘子原汁（辅料：白砂糖、葡萄糖、苹果酸、淀粉、香料等）→充分搅拌→真空浓缩→浓缩液（40%～50%）→杀菌→真空干燥→冷却→粉碎（60～80目）→紫外线杀菌→包装→检验→成品→入库。

②鲜果→清洗杀青→去核打浆→胶体磨细化→均质→喷雾干燥→果粉。

③鲜果→60～70℃加热浸提→离心去渣→真空浓缩→喷雾干燥→果粉。

④鲜果→洗涤→90℃杀青3～5分钟→去果核→干燥→粉碎→成品包装。

（七）余甘子果糖、果糕

工艺流程：鲜果→洗净→去核破碎→渗糖→浓缩→磨制→配料→均质→成型→烘烤→包装→成品。

（八）余甘子果醋

工艺流程：鲜果→选料→清洗→去皮→热烫→去核→破碎→打浆→果胶酶及SO₂处理→静置→粗滤→余甘子原汁→糖酸调整→酒精发酵→澄清、过滤→醋酸发酵→余甘子原醋。

制作要点：①选料、清洗、去皮、热烫、去核。参照余甘子果汁和果酒的制作工艺。

②破碎、打浆。原料用破碎机破碎成3～5毫米的果块后，加入4～5倍果块重的清水进行打浆。

③果胶酶及SO_2处理。用去离子水配制5%果胶酶液及0.000 25克/毫升的$NaHSO_3$溶液，再按浆体重的0.1%添加果胶酶液，按每升浆体添加120～150毫克SO_2配置$NaHSO_3$溶液，搅拌均匀，密闭静置3～6小时后进行粗滤。

④糖酸调整。采用一次加糖法将浆液糖度调至20%～25%（可添加适量蜂蜜，用量为总糖质量的10%左右）并使之完全溶解，pH控制在3.5～4。

⑤酒精发酵。先将活性干酵母配成12%～15%酵母液，在酵母液中加入2%～5%蔗糖，搅拌混匀后，按1千克浆体加100毫克酵母液的比例将其加入调整好糖酸比的余甘子浆体中，充分混合均匀，在发酵罐中密闭发酵，发酵液温度控制在15～20℃，发酵时间8～12天。发酵期间应尽量减少酒体与空气的接触，以避免杂菌侵入。

⑥醋酸发酵。在摇瓶发酵过程中，采用250毫升的摇瓶装液量为80毫升，在30℃下用100转/分钟进行摇瓶发酵，直到酸度不再上升，再加入0.02克/毫升NaCl溶液将醋酸菌杀死终止反应。

（九）余甘子茶

工艺流程：成熟的鲜果→拣选（剔除烂果、病虫害果）→清洗→木槌敲破或机械碾破→晒干（一个星期左右）→装瓶保存（余甘

子茶冲泡时加入适量的红糖，口感和风味更佳）。

（十）余甘子泡酒

工艺流程：充分成熟的鲜果→拣选（去除烂果、病虫害果）→清水冲洗→晾干→白酒初洗→倒掉洗液→加白酒、冰糖浸泡→捞出余甘子果实→过滤→装瓶→成品。

制作要点：①配料：鲜果50千克，酒精体积分数55%以上的白酒50千克，冰糖1.5～2千克。

②浸泡后的余甘子果实可以再榨汁加入酒液中。

③浸泡时间要2年以上。

参 考 文 献

蔡敦保，陈一农，黄松春，等，1994. 余甘果治疗糖尿病及高血脂临床观察 [J]. 福建医药杂志，16（4）：41-42.

陈金喜，2014. 兰丰余甘品种特征特性及优质高效栽培技术 [J]. 福建农业科技（12）：35-36.

陈智毅，刘学铭，吴继军，等，2003. 余甘子生物学特性及营养成分 [J]. 中国南方果树，32（6）：71-73.

陈智勇，刘凤书，赵萍，1993. 余甘子系列产品的加工技术 [J]. 云南农业科技（1）：39.

程文俊，蔡怀仁，1986. 汕头余甘子的调查初报 [J]. 广东林业科技（1）：26，33-35.

代正福，1990. 余甘子在金沙江干热河谷生态系统中的效益和综合利用的研究 [J]. 热带作物科技（5）：28-38.

范源，刘竹焕，2011. 余甘子活性成分抗动脉硬化作用的研究进展 [J]. 云南中医学院学报，34（2）：67-70.

龚发萍，杨升，蒋华，等，2014. 滇橄榄新品种高黎贡山糯橄榄的选育 [J]. 中国果树（3）：14-16.

何志刚，潘少林，潘仰星，等，1994. 余甘果汁加工工艺及其保健治疗效果 [J]. 福建果树（1）：52-53.

侯开卫，刘凤书，李绍家，等. 1990. 余甘果抗衰老作用的研究 [J]. 食品科学（4）：2-5.

黄佳聪，蒋华，吴建花，2021. 云南余甘子 [M]. 昆明：云南科技出版社.

黄唯平，1994. 余甘结果性状观察 [J]. 福建果树（4）：34-36.

蒋华，周娟，黄佳聪，等，2021. 滇西地区余甘子主要病虫害种类及危害调查 [J]. 中国果树（5）：90-96.

匡石滋，赖多，肖维强，等，2020. 余甘子新品种"白玉油甘"的选育 [J]. 果树学报，37（1）：148-151.

李淑敏，胡坦莲，陈海红，等. 1996. 余甘子中抗坏血酸的差示分光光度测定法 [J]. 天然产物研究与开发（3）：35-38.

刘荣光，2003. 防癌、抗衰老的果树——余甘 [J]. 广西园艺（6）：33-34.

倪捷茂，1991. 广东普宁油甘生产及栽培 [J]. 热带作物科技（1）：4-8.

王开良，姚小华，任华东，等，2003．余甘子开花物候特性研究［J］．经济林研究，21（4）：17-20．

吴志鹏，1995．速溶余甘茶的研制［J］．食品与机械（3）：15-16．

谢达英，2004．广西垦区发展"平丹一号"大玉余甘果的前景［J］．广西热带农业（4）：16-17．

徐国平，宋圃菊，1991．余甘果汁阻断胃癌高发区人群内源性N-亚硝基化合物合成［J］．中国食品卫生杂志（4）：1-4．

杨海东，郑道序，黄武强，等，2014．余甘子优良新品种"玻璃油甘"的选育［J］．中国南方果树，43（4）：119-121．

杨晓琼，袁建民，赵琼玲，等，2018．余甘子新品种"盈玉"的品种特性及其栽培技术要点［J］．热带农业科学，39（8）：11-17．

杨晓霞，黄佳聪，杨晏平，等，2018．余甘子新品种"保山1号"的选育［J］．中国果树（4）：1，85-87．

赵苹，刘凤书，1997．余甘子营养成分及果脯加工的研究［J］．食品工业科技（4）：73-74．

附录　余甘子园常用农药的性能和使用

余甘子病虫害的防治要贯彻"预防为主，综合防治"的植保方针，坚持以农业措施、物理方法、生物防治结合化学防治的综合治理原则。加强科学安全用药力度，推广使用高效、低毒、低残留农药，须严格执行农药安全使用规定，确保农产品质量安全，减少农业污染，避免破坏生态平衡、影响人类健康。通过综合防治，达到安全、高效、经济的效果。

化学防治以防效高、见效快及方法简便见长，但若使用不当，易造成农药残留、环境污染和产生抗药性，在使用上要注意以下问题。

1. 对症下药

在余甘子生长季节中，不同病虫害有一定的发生规律，要根据害虫的种类及农药的特性对症下药，才能收到良好的效果。余甘子园常用药剂的特性和使用见附表。

2. 适时用药

余甘子病虫害在不同地区、不同季节都有其特定的发生规律，一般病害选择在发病初期施药，虫害选择在害虫发生始盛期施药，适时用药才能增强虫害防治效果。

3. 轮换用药

长期连续使用单一农药，易产生抗药性，特别是一些菊酯类杀虫剂、内吸性杀菌剂，连续使用防治效果会减弱。因此要轮换使用药理机制不同的农药，也可通过一药兼治或者合理混用的方法，比如防治余甘子生长期中一种主要的病虫害，同时兼治其他种类的病虫害。

4. 安全用药

要严格遵守农药的安全使用间隔期，推广应用高效、低毒、低残留农药，确保对人类、作物无药害，保护天敌，保护环境，控制污染。

余甘子优质丰产栽培

附表　常用防治药剂的特性和使用方法

名称	作用机理	防治对象	使用浓度	注意事项
噻嗪酮（扑虱灵、稻虱净、优乐得等）	抑制昆虫生长发育的选择性杀虫剂，低毒，具触杀、胃毒作用	防治粉虱、飞虱、介壳虫等	25%噻嗪酮可湿性粉剂1 000~2 000倍液	3~7天见效，持效期35~40天。适合于虫害初发期使用
毒死蜱（乐斯本）	有机磷类广谱杀虫剂，具触杀、胃毒、熏蒸作用，中等毒性	防治介壳虫、粉虱、蚜虫、食心虫、卷叶蛾、锈螨、地下害虫等	48%乐斯本乳油1 000~2 000倍液	限制性农药。勿与碱性农药混用。安全间隔期30天
阿维菌素	低毒高效杀虫杀螨剂，具胃毒、触杀作用	可杀虫、杀螨、杀线虫，如卷叶蛾、木虱、地下害虫与螨类等	1.8%阿维菌素乳油1 000~2 000倍液	勿与碱性农药混用。安全间隔期7~14天
吡虫啉（蚜虱净、扑虱蚜）	高效广谱低毒杀虫剂，具有内吸和触杀胃毒作用	主要防治刺吸式口器害虫，如蚜虫、粉虱、木虱、蓟马、介壳虫、蜡象等	10%吡虫啉可湿性粉剂1 000~1 500倍液	勿与强碱强酸性农药混用。安全间隔期20天
啶虫脒（莫比朗）	新型广谱且具有一定杀螨活性的低毒杀虫剂，具触杀、胃毒作用	防治蚜虫、叶蝉、粉虱、介壳虫、潜叶蛾、小食心虫、天牛、蓟马等	3%啶虫脒乳油1 500~2 000倍液	药后1天即有较高的防效。安全间隔期20天。勿与强碱性农药混用
螺虫乙酯	新型高效广谱低毒杀虫杀螨剂，是具有双向内吸传导性能的现代杀虫剂	有效防治各种刺吸式口器害虫，如粉虱、介壳虫、蚜虫、蓟马、木虱、螨类等。对介壳虫、粉虱效果显著	22.4%螺虫乙酯悬浮剂2 000~3 000倍液喷雾，加入含油量0.3%~0.5%柴油乳油混用，对已开始分泌蜡粉介壳的若虫，可提高防效	药后5~7天见效，持效期长，有效防治期可长达8周，对害虫天敌安全。安全间隔期30~40天
氯氰菊酯（安绿宝、灭百可等）	拟除虫菊酯类杀虫剂，具触杀、胃毒和驱避作用，中等毒性	防治金龟子、刺蛾幼虫、木虱、粉虱、叶蝉、红蜡蚧等	4.5%高效氯氰菊酯乳油1 000~2 000倍液	遇碱分解，失效。安全间隔期5天
敌百虫	低毒高效有机磷杀虫剂，具触杀、胃毒和熏蒸作用	防治蜡象、金龟子、卷叶蛾、刺蛾等	90%晶体敌百虫800倍液	可与碱性农药混用，遇碱分解成毒力更强的敌敌畏

76

续表

名称	作用机理	防治对象	使用浓度	注意事项
苏云金杆菌	微生物低毒杀虫剂	防治食心虫、卷叶蛾、尺蠖、小菜蛾等	400 IU/毫克苏云金杆菌粉剂150克对水50千克	勿与杀菌剂混用
吡唑醚菌酯	新型广谱杀菌剂，具有保护、治疗和渗透内吸作用，中等毒性	防治真菌、半知菌等病害，如白粉病、霜霉病、锈病、疫病、炭疽病、疮痂病等	60%吡唑醚菌酯水分散粒剂1 000倍液	勿与碱性农药混用
瑞毒霉（甲霜灵）	低毒杀菌剂，具有内吸和保护作用	防治霜霉病、白粉病、疫病、煤污病等	25%瑞毒霉可湿性粉剂500~800倍液	勿与碱性农药混用
百菌清	广谱保护杀菌剂，低毒	防治炭疽病、霜霉病、白粉病、叶斑病等	75%百菌清可湿性粉剂500~800倍液	可与杀虫、杀菌剂混用，勿与铜剂混用
腈菌唑	广谱内吸杀菌剂，具有保护和治疗作用，低毒	防治白粉病、黑星病、锈病等	12.5%腈菌唑乳油2 000~3 000倍液	不能与碱性农药混用
代森锰锌（大生）	广谱保护性低毒杀菌剂	防治炭疽病、白粉病、疮痂病等病害	80%代森锰锌可湿性粉剂500~800倍液	不能与铜剂农药混用
草甘膦（农达）	低毒内吸灭生性除草剂	杀灭白茅、香附子等多年生宿根性杂草	41%草甘膦异丙胺盐（含30%草甘膦）水剂150克对水25千克	5~7天见效，15天后枯死，加0.1%洗衣粉可增效
草铵膦	广谱触杀型灭生性除草剂，低毒，能通过茎叶下传烂根	杀灭禾本科杂草和阔叶杂草，如牛筋草、小飞蓬等	200克/升的草铵膦水剂100毫升对水25千克	速度快，1天内杂草停止生长，1~2周全株枯死，药效长达25~45天
敌草快	非选择性传导触杀灭生性除草剂，中等毒性	对阔叶草特效，所有单子叶、双子叶杂草都可杀灭	20%敌草快水剂100毫升对水20千克	1天后开始枯死，对根无效
2甲4氯钠	内吸选择性除草剂，低毒	只对阔叶杂草及部分莎草如鸭舌草、水莎草等有效	13%2甲4氯钠水剂100毫升对水25千克	1~2周杂草死亡